九型人格

无脚鸟◎编著

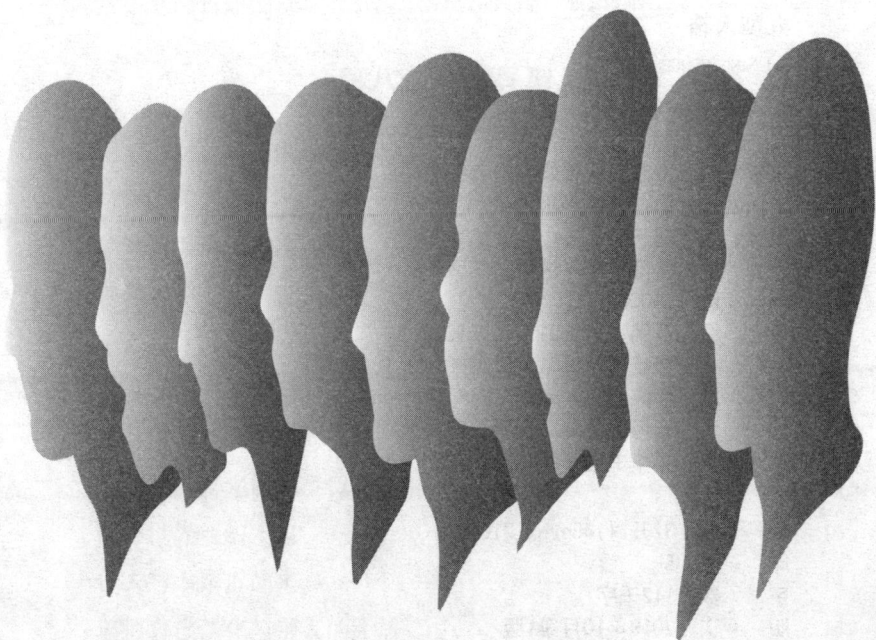

山东人民出版社·济南

国家一级出版社 全国百佳图书出版单位

图书在版编目（CIP）数据

九型人格 ／ 无脚鸟编著 . -- 济南 ：山东人民出版社，2019.10 （2023.3重印）
ISBN 978-7-209-12396-9

Ⅰ．①九… Ⅱ．①无… Ⅲ．①人格心理学－通俗读物 Ⅳ．①B848-49

中国版本图书馆CIP数据核字(2019)第227468号

九型人格
JIU XING RENGE

无脚鸟　编著

主管单位　山东出版传媒股份有限公司
出版发行　山东人民出版社
出 版 人　胡长青
社　　址　济南市市中区舜耕路517号
邮　　编　250003
电　　话　总编室（0531）82098914
　　　　　市场部（0531）82098027
网　　址　http://www.sd-book.com.cn
印　　装　三河市金兆印刷装订有限公司
经　　销　新华书店

规　　格　32开（145mm×210mm）
印　　张　5
字　　数　112千字
版　　次　2019年10月第1版
印　　次　2023年3月第3次
印　　数　20001-50000
ISBN 978-7-209-12396-9
定　　价　36.80元
　　　　　如有印装质量问题，请与出版社总编室联系调换。

目 录

开篇　九型人格概论

第一章　完美型人格

第二章　给予型人格

第三章　实践型人格

第四章　浪漫型人格

第五章　观察型人格

第六章　质疑型人格

第七章　享乐型人格

第八章　领导型人格

第九章　调停型人格

开篇　九型人格概论

了解人格

当今，关于人格的话题层出不穷，这些话题成为人们茶余饭后的谈资。有人说："一个人的人格决定他的命运。"也有人说："找工作、找对象，先看你属于什么性格。"

或许，你会感到很奇怪：什么是人格呢？为什么人格会影响人的命运呢？人格有哪些神奇的地方？带着这些疑问，让我们走进本书第一章，了解人格及与之相关的故事。

什么是"人格"

一个人智力上的成就很大程度上取决于人格的力量，这一点往往超出了人们的一般认识。那么什么是"人格"？我们先来看看下面的这个小故事。

一天，一列并不拥挤的列车进站后，上来了一对残疾父子。父亲是个盲人，他的儿子不到十岁，只剩下一只眼睛还能略微看到东西。父亲在儿子的牵引下，一步一步地摸索着走到了车厢的中间。

当列车启动后，小男孩拉开了嗓子："女士们、先生们，你们好！我的名字叫张明，我唱几首歌给大家听。"紧接着，小男孩用电子琴自弹自唱起来，电子琴发出的旋律很一般，但孩子的歌声却如天籁之音。

正如人们经常见到的那样，唱完几首歌曲之后，小男孩走到车厢的一端，开始乞讨。但他既没有拿着能装钱的东西，也没把手直接伸到乘客前面，只是走到乘客身边，叫一声"先生"或"女士"，然后默默地站在乘客身边。乘客们都知道他的意思，但是每个人都装作没看见的样子，或干脆把头扭向车窗外面。

就在小男孩两手空空地走到车厢尾的时候，一位女士大声嚷起来："真不知道怎么回事，北京的乞丐这么多，连列车上都是！"这一嚷，车厢内几乎所有乘客都把目光聚到这对残疾父子身上。没想到的是，小男孩竟表现出与自己年龄极不相符的冷峻，他坚毅地说："女士，你说错了，我不是个乞丐，我只是个卖唱的人。"

此时，车厢里所有冷漠的目光都变得温和起来。有人带头鼓起掌来，接着掌声连成一片。这就是人格的魅力。对于践踏自己尊严的人，小男孩不卑不亢，给予有力回应。

人格属于心理学的概念，它最初来源于拉丁文"persona"，原意是演员在舞台上所戴的面具，和我国戏剧舞台上代表不同角色的脸谱一样。经过漫长的历史演变后，"人格"一词的内涵已经和原意产生很大差异。

通常，人格指一个人在社会化过程中形成和发展的情感、思想以及行为的特有模式。这个模式包括个体独具的各种特质或特点的总体。概括来说，人格是指一个人的整体精神面貌，如气质、品格、性格、信念、人生观等。

人格的形成不是一朝一夕的，一旦形成后就比较稳定，并且贯穿在一个人的全部精神面貌和行为中。一个人的偶然表现不能被认作是他的人格特征，只有经常性、习惯性的行为才算是他的人格特征的表现。人格虽然稳定，但也不是绝对一成不变的。它随着社会环境的多样性和多变性在小幅度地变化着。

人格与我们平常所说的性格有所相似，但又有所不同。性格是指一个人对现实社会的态度和行为方式习惯化的结果。一个人对现实的态度就是对自己、对他人、对集体、对社会的看法和反馈。人们只要生活在社会中，就不可能不对各种事物产生自己的见解，并做出自己的选择，采取某种行为方式。这个过程就是一个人性格的体现。比如，"守株待兔"的故事反映出一个人懒惰、迂腐的性格；"孔融让梨"的故事反映了一个人谦让的性格。

在心理学上，对性格的定义与人格基本相同，事实上它们是有区别的。性格只是人格的一个重要组成部分，它属于人格中涉及社会评价的那一部分。我们可以这么说，性格是一个人人格的社会属性的体现。

古希腊的德尔菲神庙上有一句格言："认识你自己。"意思是，只要人类存在，人类对自身的探索就不应该停止。人们之所以要探索人格的问题，是因为人们希望自己能够更好地认识世界、把握世界。人们在努力寻求发展的同时，不断反躬自省，探索着行为与人性、人格之间的内在联系，以期更好地把握自己的人生。

我国古代典型的人格分类

中国的古人就对人格进行了系统研究，而且根据人格所表现的不同特征进行了详细的分类。例如，孔子、荀子，以及《黄帝内经》等著作，都在这方面进行了深入的研究。与西方比较，我国古代的人格分类、思想鉴定有很多独到之处，如鉴别人格采用的情境法，诗文、书画分析法，等等。因此，总结并传承我国古代优秀的思想遗产，颇具意义。

现在，我们就其中最典型的几种人格分类，分别进行介绍。

1. 孔子对人格进行的分类

（1）从品德的角度分类，人格有君子、小人之分。

划分的语录：

君子上达，小人下达。

君子喻于义，小人喻于利。

君子坦荡荡，小人长戚戚。

君子周而不比，小人比而不周。

君子求诸己，小人求诸人。

君子固穷，小人穷斯滥矣。

君子和而不同，小人同而不和。

君子泰而不骄，小人骄而不泰。

君子成人之美，不成人之恶。小人反是。

君子怀德，小人怀土；君子怀刑，小人怀惠。

（2）从智慧上分类，人格分为上智、中人和下愚。

划分的语录：

唯上智与下愚不移。

中人以上，可以语上也；中人以下，不可以语上也。

（3）从气禀上分类，人格分为狂、狷和中行。

划分的语录：

不得中行而与之，必也狂狷乎！狂者进取，狷者有所不为也。

"狂"就是敢作敢为，积极进取；"狷"就是遇事拘谨，不敢作为；而"中行"大多合乎中庸之道。

2. 荀子对人格进行的分类

（1）从德行上分类，人格分为通士、公士、直士、悫（què，诚实）士、小人。

划分的语录：

上则能尊君，下则能爱民，物至而应，事起而辨：若是则可谓通士矣。不下比以暗上，不上同以疾下，纷争于中，不以私害之：若是则可谓公士矣。身之所长，上虽不知，不以悖君；身之所短，上虽不知，不以取赏；长短不饰，以情自竭：若是则可谓直士矣。庸言必信之，庸行必慎之，畏法流俗，而不敢以其所独甚：若是则可谓悫士矣。言无常信，行无常贞，唯利所在，无所不倾：若是则可谓小人矣。

（2）从勇猛的程度来分类，人格分为上勇、中勇和下勇。

划分的语录：

天下有中（正道之意），敢直其身；先王有道，敢行其意；上不循于乱世之君，下不俗于乱世之民；仁之所在无贫穷，仁之所亡无富贵；天下知之，则欲与天下共苦乐之；天下不知之，则傀然独立天地之间而不畏：是上勇也。礼恭而意俭，大齐信焉，而轻货财；贤者敢推而尚之，不肖者敢援而废之：是中勇也。轻身而重货，恬祸而广解苟免；不恤是非然不然之情，以期胜人为意：是下勇也。

荀子推崇"上勇"，"中勇"次之，反对"下勇"。

（3）从勇猛的性质上分类，人格分为狗彘之勇、贾盗之勇、小人之勇和君子之勇。

划分的语录：

争饮食，无廉耻，不知是非，不辟死伤，不畏众强，恈恈然唯利饮食之见：是狗彘之勇也。为事例，争货财，无辞让，果敢而振，猛贪而戾，恈恈然唯利之见：是贾盗之勇也。轻死而暴：是小人之勇也。义之所在，不倾于权，不顾其利，举国而与之不为视，重死、持义而不挠：是士君子之勇也。

3.《黄帝内经》里的人格类型

《黄帝内经》里，从阴阳之气的多少及五行两方面对人格进行划分。前者的侧重点于心理，后者的侧重于生理。

（1）根据阴阳之气的多少来看，人格分为太阳、太阴、少阳、少阴和阴阳和平。

划分的语录：

太阴之人，贪而不仁，下齐湛湛，好内而恶出，心和而不发，不务于时，动而后之，此太阴之人也。少阴之人，小贪而贼心，见人有亡，常若有得，好伤好害；见人有容，乃反愠怒，心疾而无恩，此少阴之人也。太阳之人，居处于于（得意自足的样子），好言大事，无能而虚说，志发于四野，举措不顾是非，为事如常自用，事虽败而常无悔，此太阳之人也。少阳之人，諟谛（shīdì，做事精细审慎）好自贵，有小小官则高自宜，好为外交而不内附，此少阳之人也。阴阳和平之人，居处安静，无为惧惧，无为欣欣，宛然从物，或与不争，与时变化，尊则谦谦，谭而不治，是谓至治。

（2）从五行的角度来看，人格分为金型、木型、水型、火型和土型之说。这五型人的特征和寿命如下：

金型人：金型人有着方形的面孔，白皙的皮肤，眉高眼深，鼻高耳仰。骨头轻，肩、腹、足都很小，脚跟却坚实厚大。他们性情耿直，易急躁；行动敏捷，果断利索；意志比较坚定。这类人办事严肃认真，多比较廉洁奉公。金型人大多豁达大度，虚怀若谷，因此，寿命一般偏长，但燥阳之气易伤阴津，故寿命只属中等。

木型人：木型人头小面长，肩阔背直，骨骼修长。他们勤劳，但体力不强，肤色苍白，走路轻飘，常给人以弱不禁风之感。他们多是有才之人，质朴清高，好用心机，因此，常常过于忧虑。这类人心地善良，常怀恻隐之心。木型人由于性急好动，阳气耗散较快，所以寿命偏短。

水型人：水型人肤色多暗淡，面部缺乏光泽，身体清瘦，头大，肩膀狭小，走路时身子摇摇晃晃。这类人多性格内向、阴柔，城府较深，遇到事情善于保全自己，有参谋家素质。他们无所畏惧，不卑不亢，廉洁不够，欺诈有余。水型人由于阴气重，喜伏藏，阳气耗损较少而寿命偏长。

火型人：火型人外貌瘦小，面尖下圆，肤色发红，背部肌肉宽厚、丰满，步履稳重，走路时肩摇背晃。这类人多性急如火，热情爽快，诚实，质朴，待人总是彬彬有礼，人缘较好。他们有气魄但少信心，轻财但少信用。火型人阳气偏盛，阳气耗散过大，所以寿命偏短，尤其容易灼伤阴津而猝死。

土型人：土型人头大面圆，肤色发黄，肩背丰厚，肌肉丰满，手足不大，腹大，腿部壮实，整体比较匀称。这类人勤劳质朴，忠厚老实，忠孝至诚，对人宽宏大量，因此内心安定。他们乐于助人，严守信誉，行事稳重，值得人信赖。土型人是五型人中最长寿的。他们的气血运行缓慢，阴阳虽趋于调和，但偏阴。因此说，此型人很少患急性病，从而长寿。

了解九型人格

测试性格的方法有多种，九型人格测试就是一个典型的方法。九型人格测试来自美国斯坦福大学的科学研究，如今在国际上流行甚广，并为世界500强企业众多领导安排员工岗位时提供参考。

什么是九型人格？九型人格具体指哪九种性格？代表人物分别是谁？它有什么实用价值？本章将着重讲述这些内容。老子说："知人者智，自知者明。"一个能看透周围人的人是智者，一个能了解自己的人是明智的，这些人一般不会做出没有自知之明的事情。正所谓"知己知彼，百战不殆"。

接下来，我们首先讲解九型人格的测试，借此来了解我们自身与周围人的性格。在做九型人格测试题之前，请注意以下几个方面：

（1）以下108道题（108个表述），要凭借第一感觉来选择是否同意此种表述，不要做过多的权衡。这样才能忠实地做出选择，只为更好地了解你自己的性格。

（2）测试过程中，在与你自身情况相符的题目旁边做记号，并记录下相关题目后面的数字。

（3）做完后，将相同的数字归为一类，看看有多少个1，多少个2，多少个3……找出数量最多的数字，对照答案，便可以了解自己属于九型人格中的哪一种性格。

（4）选出的数字最多的只是你的主要性格，还要参照其他较多数字所对应的人格类型，并通过阅读全书获得更详尽的信息。

九型人格测试题

1．我很容易陷入迷惘。　9

2．我喜欢独立自主。　8

3．我喜欢研究关于宇宙的道理、哲理。　5

4．我很在意自己是否年轻，因为那是找乐子的本钱。　7

5．我不想成为一个喜欢批评别人的人，但很难做到。　1

6．当我有困难时，我会努力不让人知道。　2

7．被人误解对我来说是一件十分痛苦的事。　4

8．施舍比接受会给我更大的满足感。　2

9．我常常设想最糟的结果导致自己万分苦恼。6

10．我常常试探或考验自己朋友、伴侣的忠诚。　6

11．我看不起那些不像我一样坚强的人，甚至用各种方式羞辱他们。　8

12．身体上的舒适对我非常重要。　9

13．我能触碰生活中的很多悲伤和不幸。　4

14．别人不能完成他的分内事，我会失望和愤怒。　1

15．我时常拖延问题，不去解决。　9

16．我喜欢富有戏剧性、多彩多姿的生活。　7

17．我认为自己非常不完善。　4

18．我对感官的需求特别强烈，喜欢美食、服装、身体的触觉刺激，并纵情享乐。　7

19．当别人请教我一些问题时，我会巨细无遗地分析清楚。　5

20．我喜欢推销自己，从来不觉得难为情。　3

21．有时我会放纵，并且做出僭越的事。　7

22．帮助不到别人会让我觉得很痛苦。　2

23．我不喜欢人家问我笼统的问题。　5

24．我在食物、药物等方面有放纵的倾向。　8

25．我宁愿适应别人，包括我的伴侣，而不会反抗他们。　9

26．我最不喜欢的事就是虚伪。　6

27．我知错能改，但由于执着好强，周围的人还是感觉到压力。　8

28．我常觉得很多事情都很好玩、很有趣，人生充满快乐。　7

29．我有时很欣赏自己充满权威，有时却优柔寡断，依赖别人。　6

30．我习惯付出多于接受。　2

31．面对威胁时，我一方面变得焦虑，一方面对抗迎面而来的危险。　6

32．我通常是等别人来接近我，而不是我去接近他们。　5

33．我喜欢当主角，希望得到大家的注意。　3

34．别人批评我，我也不去回应和辩解，因为我不想与别人发生任何冲突。　9

35．我有时期待别人的指导，有时却忽略别人的忠告，兀自做我想做的事。　6

36．我经常忘记自己所需要的东西。　9

37．在重大压力中，我通常能克服对自己的质疑和内心的焦虑。　6

38．我是一个天生的推销员，说服别人对我来说是轻而易举的事。　3

39. 我不相信一个我一直了解不透的人。　9

40. 我喜欢依照惯例行事，不太喜欢改变。　8

41. 我很在乎家人的感受，在家里表现得忠诚和包容。　9

42. 我做事被动，优柔寡断。　5

43. 我很有包容心，彬彬有礼，但跟人的感情互动不深。　5

44. 我沉默寡言，好像不会关心别人似的。　8

45. 当我沉浸在工作中或擅长的领域时，别人会觉得我冷酷无情。　6

46. 我常常对外界保持警觉。　6

47. 我不喜欢要对别人尽义务。　5

48. 如果不能完美地表态，我宁愿不说。　5

49. 我的计划比我实际完成的还要多。　7

50. 我野心勃勃，喜欢挑战。　8

51. 我倾向于独断专行并自己解决问题。　5

52. 我很多时候有种被遗弃的感觉。　4

53. 我常常表现得十分忧郁，充满痛苦而且内向。　4

54. 初见陌生人时，我会表现得很冷漠、高傲。　4

55. 我的面部表情严肃而生硬。　1

56. 我很飘忽，常常不知自己下一刻想要什么。　4

57. 我常对自己挑剔，不断改善自己的缺点，希望成为一个完美的人。　1

58. 我感受特别深刻，并怀疑那些总是很快乐的人。　4

59. 我做事有效率，也会找捷径，模仿力特强。　3

60. 我讲理，看重实际效果。　1

61. 我有很强的创造力和想象力，喜欢将事情重新整合。　4

62．我不要求得到很多的注意力。　9

63．我喜欢每件事都井然有序，但别人会认为我过分执着。　1

64．我渴望拥有完美的心灵伴侣。　4

65．我常夸耀自己，对自己的能力十分有信心。　3

66．如果周围的人行为太过分，我准会让他难堪。　8

67．我外向、精力充沛，喜欢不断挑战，这使我的自我感觉良好。3

68．我是一位忠实的朋友和伙伴。　6

69．我知道如何让别人喜欢我。　2

70．我很少看到别人的功劳和好处。　3

71．我很容易知道别人的功劳和好处。　2

72．我忌妒心强，喜欢跟别人比较。　3

73．我对别人做的事总是不放心，批评一番后，自己会动手再做。　1

74．别人会说我常戴着面具做人。　3

75．有时我会激怒对方，引来莫名其妙的吵架，其实是想试探对方爱不爱我。　6

76．我会极力保护我所爱的人。　8

77．我常常刻意保持兴奋的情绪。　3

78．我只喜欢与有趣的人为友，对于一些沉闷的人却懒得交往，即使他们看起来很有深度。　7

79．我常往外跑，四处帮助别人。　2

80．有时我会讲求效率而牺牲完美和原则。　3

81．我似乎不太懂得幽默，没有弹性。　1

82．我待人热情而有耐性。　2

83. 在人群中我时常感到害羞和不安。　5

84. 我喜欢效率，讨厌拖泥带水。　8

85. 帮助别人达到快乐和成功是我重要的成就。　2

86. 付出时，别人若不欣然接纳，我便会产生挫折感。　2

87. 我的肢体硬邦邦的，不习惯别人热情的付出。　1

88. 我对大部分的社交集会不太有兴趣，除非那是我熟识和喜爱的人。　5

89. 很多时候我会有强烈的寂寞感。　2

90. 人们很乐意向我表白他们所遭遇的问题。　2

91. 我不但不会说甜言蜜语，而且别人会觉得我唠叨不停。　1

92. 我常担心自由被剥夺，因此不爱做承诺。　7

93. 我喜欢告诉别人我所做的事和所知的一切。　3

94. 我很容易认同别人为我所做的事和所知的一切。　9

95. 我要求光明正大，为此不惜与人发生冲突。　8

96. 我很有正义感，有时会支持不利的一方。　8

97. 我注重小节而效率不高。　1

98. 我容易感到沮丧和麻木而甚于愤怒。　9

99. 我不喜欢那些有侵略性或过度情绪化的人。　5

100. 我非常情绪化，喜怒哀乐多变。　4

101. 我不想别人知道我的感受与想法，除非我自愿告诉他们。　5

102. 我喜欢刺激和紧张的关系，而不是稳定和依赖的关系。　1

103. 我很少用心去听别人的心情，只喜欢说说俏皮话和笑话。　7

104. 我是循规蹈矩的人，秩序对我十分有意义。　1

105. 我很难找到一种我真正感到被爱的关系。　4

106. 假如我想要结束一段关系，我不是直接告诉对方，而是激

怒他来让他离开我。 1

107. 我温和平静，不自夸，不爱与人竞争。 9

108. 我有时善良可爱，有时又粗野暴躁，很难捉摸。 9

记录下你所得的数字：

"1"共有（ ）个，对应完美主义者。

"2"共有（ ）个，对应给予者。

"3"共有（ ）个，对应实践者。

"4"共有（ ）个，对应浪漫主义者。

"5"共有（ ）个，对应观察者。

"6"共有（ ）个，对应质疑者。

"7"共有（ ）个，对应享乐主义者。

"8"共有（ ）个，对应领导者。

"9"共有（ ）个，对应调停者。

检测自己和别人的人格类型时，有必要了解这样一项知识：无论哪种类型的人，其内在都有两个"人"，一个是"人格"，另一个是内在的"观察者"。

人格，指的是我们的性格、气质和能力，也可以说是思想、感觉和感官经验，可以称作"现实我"。

内在的目击者，是真正的"本我"，它不同于观看、评论并参与生活的人格，而是既非性格、气质、能力，也非思想、感觉、感观经验的觉察力，是人格无法成为的东西。

"现实我"和"本我"之间虽然有着明显的差异，却都是我们每个人不可或缺的。

"现实我"好比人们常说的"显意识"，"本我"好比人们常说的"潜意识"。这种比喻虽然不十分准确，但却能比较贴切地表达出两者之间的关系。"现实我"在我们活着的时候运用我们的本质去与世界上万事万物进行沟通、亲和、较量和拼杀。"本我"在"现实我"表现的同时，帮助记忆，整理观念，制订计划和做梦。两者都是人成长的关键。九型人格理论提供的是认清"现实我"和"本我"主要特质的钥匙，只要认清了我们的主要特质，了解自己人格类型的工作就完成了。

现在，我们虽然经过测试，但很多人还不能正确判断自己的人格类型。你可能觉得有两个类型和自己相像，也可能感到更多个类型也和自己差不多。这时，你不要急，再继续往下阅读，定会茅塞渐开。

从外表看来，真正的相似类型有 7 对：

第一对是给予型和享乐型，他们共同的特质是好玩、乐观、喜爱的活动众多；

第二对是给予型和调停型，他们重视别人的需要；

第三对是实践型和享乐型，他们表现出工作狂物质，习惯取悦于他人；

第四对是实践型和领导型，他们也表现出工作狂特质，而且态度坚决；

第五对是领导型和反恐惧的质疑型，他们能强有力地克服困难和与负面对抗；

第六对是质疑型和完美型，他们普遍显现出焦虑；

第七对是领导型和完美型，他们易愤怒，无论对自己和对别人都要求正确。

人格类型也受文化和性别的影响。比如：美国的文化持重于实践和夺取；英国的文化持重于思索和观察，并夹杂着领导；我们中国的文化则持重于给予、臣服和谋略。从小受不同的文化教育，人格也会随之而偏重。另外，给予型往往是女性的理想型人格，实践型、领导型和完美型往往是男性的理想型人格。

确定你的人格类型的最佳方式就是自我观察，看自己符合哪种类型。还可以听别人谈论他们自己，当你感觉到自己也是那样时，你就有可能是他的那种人格；如果你对他们的话产生诧异，你就不是那种人格。

参照人格类型的检测方法，并将其按照九类人格的特质进行整理归纳，把每类人格特质的表现形式放在一处，相信能为读者检测自己是哪类人格时提供方便。假如你初步认定自己是哪类人格，就到以下的那种类型中去检测。你有可能认为既是这种类型又是那种类型，没问题，可以分别到自己所认为可能的人格中进行检测。假如哪个类型中所列出的特点你全部符合，你就是那类人格。

有时你或者会出于自尊不去承认自己的弱点，选择好项去认可，这样就有可能出现误差，尽量要真实些。如果经过检测，哪个类型里的内容都不完全符合你，那就找你符合最多的那个人格去认定，这是错不了的。

九型人格的起源时间和形成经过

九型人格，又称性格形态学、九种性格。它的分类与其他人格分类法相似，它是人们研究人格的一种方法，同时也是应用心理学的一个分支。九型人格揭示了有九种不同性格类型的人，九型性格里不存在好坏之分，只存在主观看世界的方式的异同。其起源时间和形成经过难以考证，但是研究者们普遍认为它的起源极为久远，也许要追溯到公元前 2500 年甚至更早。

　　远古时期，苏菲教的一位长者，非常善于开导别人，为别人排忧解难，所以被尊为灵性教师。灵性教师经常和他的学生一起探讨学问。经过频繁的接触，灵性教师发现不同学生的生活习惯有不同的表现。比如有的学生随意、邋遢，有的学生精心于穿着打扮；有的学生喜欢沉下心思考问题，有的学生喜欢和人辩论；有的学生急于求成，有的学生很享受分析问题的过程。

　　为什么学生们会有不同的表现呢？这一现象让灵性教师产生了浓厚兴趣。为此，他开始对人的各种表现加以分析、总结、归纳，并将具备同一性格特征的人归为一类，一共分为九类。经过充分的调查研究，灵性教师发现，生活中的每个人几乎都离不开这九种类型。于是，最初的九型人格诞生了。

　　当时，只有苏菲教派的灵性教师深谙此理，并用以开启教众的灵性，并且数千年来，一直都是以极为隐秘的方式流传。它的神奇之处不仅在于每个前去请求灵性教师解决困难的人都得到满意的解答，还在于即使对于相同的问题，不同人得到的解答也不一样。

　　1920 年，俄国的古尔杰耶夫率先将九型人格学说传入西方，用它阐释人类的九种性格特征。真正将这套学说发扬光大的是艾瑞卡学院的创办人奥斯卡·伊察索。九型人格学说是奥斯卡·伊察索于1950 年在阿富汗旅行时，自苏菲教派那里学来的。他将人类的九种欲望与九型人格学说结合起来，并将这套学说用作人类心理训练的教材。许多知名的心理学家、精神病学家都曾追随伊察索学习九型人格学。其中有著名精神病学家克劳狄·亚纳朗荷，他在智利学习后，便将这门知识引入美国加州，进行研究，探索人的性格形态。最后，九型人格由美国加州斯坦福大学发扬光大，其传播到中国还是近些年的事。

姿态各异的九张脸孔

1. 追求完美的 1 号

这是一张认真、严肃的脸。脸上的表情总是显得很凝重,他像对待一场外交一样,慎重地对待每一次衣着打扮。完美主义者总是希望得到别人的肯定,害怕出现任何差池,他们对待工作和生活的态度永远是精益求精、追求完美的。

工作中,他是工作制度的拥护者。他总是最努力、最负责地完成公司交给他的任务。领导可以放心大胆地把重要任务交给他。他也是一个不折不扣的工作狂,对于"消极怠工"的人,他总是感到生气。如果他是公司的领导,他喜欢事无巨细地管理工作,他恪守"没有规矩不成方圆"的准则。他时时刻刻以身作则,对下属要求极高,一旦下属的工作出现差错,他会大发雷霆。完美主义型的管理者容易对下属求全责备,使得周围的人产生巨大压力。

生活上,他们万事万物讲求秩序,厌恶脏乱的房间。他们的衣服永远是平平整整的,房间一尘不染,各种东西都被规划得井井有条,他永远都清楚地知道他要找的东西放在哪里。

另外,他还可能是一个喜欢穿白色衣服的人,他还有可能是个精神洁癖。他对爱情极为忠诚,对伴侣的要求也会很高,一旦对方出现越轨行为,完美主义者眼睛里是绝对容不下任何沙子的,他会在愤怒之后选择一刀两断。对待朋友他们也同样如此,他选择朋友和择偶一样慎重,对友谊忠诚,期盼对方也能给予自己相同的重视。

这就是完美主义者的表情。他们的表情变化并不丰富,这是他们冷静自制的个性的体现，他们不会咋咋呼呼，他们时刻保持稳重优雅的形象，他们不会让自己的内心世界轻易地表露在脸上。

2. 默默给予的2号

这是一张很讨人喜欢的、温暖人心的脸。他们的表情总是温和而友好，他们的手像是随时准备帮助别人。

他们生活的意义好像永远是为了别人开心。小时候，为了得到父母的奖励，他们努力做乖孩子；上学的时候为了得到老师赞赏，他们成了三好学生；长大后为了伴侣的开心，他们总是想尽办法讨好对方。

他们常常忽略自己的真实意愿，总是尽力让别人高兴，从不为难别人，除了自己。这种人有很强的责任感，因为他们会选择做应该做的事情，而不是自己想做的事情。

工作中，他们对同事很真诚，很热心，体贴之情常让人感动。他们绝对是世态炎凉中最温暖人心的人，同事也因此愿意将自己内心的真实想法对他倾诉。他们的人缘总是很好，看似吃亏的事情，最后他们总能获得更大的回报，他们是招人喜欢的能手。

生活上，他们可能是保守而传统的人士。他们孝敬父母、关心子女，对爱人无微不至。他们是贴心的人生伴侣，他们的脸上也总是洋溢着幸福的微笑。无论路途怎样坎坷，他们总能陪伴你走完人生。

这就是给予者的脸，一张如同春天般醉人的脸。他们永远温和的笑容就像人间四月天里的骄阳和翠柳，充满温暖，给人希望。

3. 追名逐利的3号

"天下攘攘皆为利往，天下熙熙皆为名来。"用这句话来形容实践者非常贴切。他们身上有着难能可贵的实干精神,他们是切切实实的实干家,不会将精力浪费在无用的地方,他们在做一件事情之前总是不断分析它有什么利益可图。这不是缺点,而是很实在的优势。

在他们脸上,你看不到太多的平易近人与温和,和给予者相反,他们可能是很有"表演"能力的一群人。他们善于运用不同的表情来对付不同的人,难免有时候让人觉得虚伪、做作。他们对名利的热衷是九种人中最为明显的,他们的表情也会随着他们所面对的人而发生戏剧性的变化。

工作中,他们与完美主义者一样,属于工作狂,只是他们的目的不同。完美主义者认真工作,是发自内心地认为只有诚实劳动才配得起收获的成果,实用主义者则认为这是他们成名得利的基础。与此同时,实用主义者的务实精神还让他们不会成为盲目的一类人,所以他们的效率总是很高。

生活上,因为他们总是将事业放在第一位,所以常常忽略伴侣的感受。他们将自己的感情深藏在心底,不轻易表达,因此也经常会遇到被伴侣埋怨的情况。"赢了世界输了你"之类的事情在这类人的身上较为多见。

4. 追求浪漫的4号

他们是天生的艺术家,他们的感情最丰富。高兴的时候他们尽情地开怀大笑,伤心的时候也是号啕大哭而不惧怕别人的眼光。他们生活得最自我也最真实,少见他们虚伪和做作。虽然如此,他们的气质中总透露出一股忧郁的气息,让人捉摸不透又欲罢不能。

工作上,他们的想象力最丰富,也最适合在充满创造力的氛围中工作。他们拒绝像完美主义者那样循规蹈矩,他们害怕约束,对于他们来讲，能够充分地发挥他们天才的工作才值得努力。他们决不勉强自己做不喜欢做的事情，他们总是做自己感兴趣的工作。

生活中，浪漫主义者可能是永远长不大的孩子，他们不喜欢现实生活中的种种虚假和规则，因此常常生活在自己幻想的世界中。他们为了让伴侣开心，而把身上仅有的几元钱拿去买一朵玫瑰，在他们的眼里，金钱生不带来死不带走，唯有爱才是生命中最宝贵的财富。自由和爱是他们生活中的氧气和水，缺一不可。

5. 思考型的5号

他们不善于与人交往，宁愿自己孤独地面对整个世界。他们的脸上永远是一副沉思的表情，他们喜欢研究理论与哲学，不喜欢研究人的行为和心理。他们是极为冷静的一类人。

工作上，他们充满理性，很少感情用事。他们和任何人交往几乎都是"君子之交淡如水"，他们不会让别人走进他们的内心世界，当然，他们也没有兴趣走进别人的内心。他们认为保持距离是一种安全和尊重。

生活中，作为观察者，他们性格沉稳，不轻易表达自己的想法，因为他们对不确定的事物总是很慎重。他们总是希望自己的观点代表着客观和公正。他们的性格内向，心中永远保留着自己的一片小天地，就算是对最亲密的人，他们也常常会觉得无人了解他们。他们思想深刻，有一颗孤独、寂寞的灵魂。

6. 爱怀疑的6号

他们的脸上总带着研究、探索的表情，因为他们不确定事情的真假、好坏。他们很难相信别人，他们甚至对自己也缺乏自信。信任的危机一直让他们备受煎熬。

工作上，他们总是怀疑权威者的话语，总是尝试找到可以攻击的地方。在接受任务的时候，他们首先想到的不是成功，而是万一失败了我该怎么应对。他们总是能想到最坏的一面，总是保持戒心，怀疑别人对他们心怀不轨。因此，他们的生活过得战战兢兢，如履薄冰。

他们过分谨慎的性格常常导致他们裹足不前，丧失机遇。和完美主义者不同，完美主义者常常是因为想要得出最完美的方法导致延误时机，他们则是因为害怕失败而不敢轻易做出决定。但是他们有超强的责任心，能帮他们弥补性格的这一重大缺陷。无论在生活上还是工作上，他们总是希望能够得到别人强有力的保护和指引。

7. 活跃的 7 号

他们脸上总是洋溢着快乐，烦恼对于他们只是过眼云烟。对于他们而言，"今朝有酒今朝醉"是非常好的生活哲学，因为生命太短暂，抓紧时间享受才是正道。

在工作上，他们可能是多才多艺的同事，不会给你带来压力，因为在他们看来，赚钱是次要的，懂得享受生活才是重要的。他们还可能是那个和任何人都能打成一片的人，因为他们对人对物很少有偏见，不会因为你曾经的糗事而嘲笑你，也不会因为你的成就而嫉妒你。

生活上，享乐主义者是个开心果，但也可能是带给人伤心的人。他们惧怕承诺，担心因此失去自我，不愿承担责任，这些都是让人头痛的地方。

8. 领袖型的 8 号

他们的表情充满严肃和威严。小的时候可能就是那个调皮捣蛋的孩子王，长大后那种领导众人的魅力就得以显现。

他们可能是为了帮助弱小者奋不顾身的人，也可能是为了反对某种不合理的制度带头举旗的人。他们身上正义感很强，自愿保护社会中的弱势群体。然而，他们喜欢命令人的脾气可能会让人不快。

感情生活中的8号，也将保护弱者的特质带到伴侣身边。他们认为爱一个人就要保护他不受伤害。他们不善于表露自己的感情，有时候甚至用激怒对方的方式来确认对方对自己的感情是否可靠。

9. 调停者的9号

"合纵连横，纵横捭阖"，这是调停者的姿态。在为人处世方面，他们也许不是最厉害的，但是他们总是能将最厉害的人聚拢在自己周围。

工作中，充当调停者角色的人最可能是上传下达的秘书，因为他们出色的协调能力让他们能够胜任这样的工作。他们胸怀豁达，很少因为不同见解而和别人争吵。事实上，他们也根本不喜欢和别人争执。

生活上，调停者可能是一个被动的人，他们不愿意主动去解决问题，喜欢抱怨。但是温和的脾气让他们的伴侣感觉他们还是不错的。不过固执是他们令人头痛的地方，但他们自己并不这样觉得。

不同人格的代表人物

1. 完美主义者代表人物：柏拉图

完美主义者坚持原则，永远要求公正、公平、无私、客观。对他们来说，真理和正义是最基本的价值观。古希腊哲学家柏拉图就是这样的典型例子。他在《理想国》中描绘出了他心中理想的乌托邦画面：每个人在社会上都有其特定的功能，用以满足社会的整体需求；每个人都应该做自己分内的事而不应该打扰别人；女人和男人拥有同等权利，性别平等……柏拉图为建设他的理想国度，提出了一整套完整而系统的理论。

2. 给予者代表人物：德兰修女

德兰修女具有给予者典型的人格特征——奉献。1979 年，德兰修女获得诺贝尔和平奖，是继 1952 年史怀泽博士获得诺贝尔和平奖以来最没有争议的一位得奖者，她也是 20 世纪 80 年代美国青少年最崇拜的四位人物之一。她创建的仁爱传教修女会拥有 4 亿多美元的资产。然而，当她去世时，她个人全部财产只有一张耶稣受难像、一双凉鞋和三件旧衣服。

德兰修女始终怀着一颗爱心去帮助苦难的人们，她不止一次又一次在污秽、肮脏的街道拥抱那些患皮肤病、传染病，甚至周身流脓的重症病人，并把他们带回自己的住处加以照顾，让人们享受她的奉献。

当人们赞颂她的伟大时，德兰修女却说："我们都不是伟大的人，但我们可以用伟大的爱来做生活中每一件平凡的事。"

3. 实践者代表人物：迪士尼

实践者充满自信，相信自己和自身的价值。他们始终精力充沛，有强烈的愿望心让自己更好，竭尽所能让自己成为某方面的佼佼者。

年轻时的迪士尼就梦想能制作出吸引人的动画电影，他以极大的热情投入工作。为了解动物的习性，他每周都要到动物园研究动物的动作及叫声。在他制作的动画片中，很多动物的叫声，都是由他亲自进行配音的，包括那个可爱的米老鼠。

迪士尼极为自信，在为梦想奋斗的道路上激情四射、矢志不渝，最终建造了属于自己的童话王国。

4. 浪漫主义者代表人物：雪莱

浪漫主义者拥有出色的创意，而且对自我的内心有着深刻的洞察力。他们通常以写作等私人的沟通方式表达自己的情感。大多数作家、诗人都具有这种艺术型人格。雪莱便是其中的一位。

雪莱是英国文学史上最有才华的抒情诗人之一，他博学多识，不仅是一位柏拉图主义者，更是一个伟大的理想主义者。

雪莱18岁进入牛津大学，深受英国自由思想家休谟以及葛德文等人的影响，有"骂自己的父亲和国王的习惯"，同学骂他为"疯子雪莱"。不久，他在学校发表了《无神论的必要性》，竟然寄了两份给主教，导致自己被学校开除。

雪莱追求进步、自由，他说："所有时代的诗人都在为一首不断发展的'伟大诗篇'做出贡献。"

5. 观察者代表人物：比尔·盖茨

观察者最典型的人格特征就是善于思考。比尔·盖茨之所以能成为世界首富，很重要的一个原因就是他善于思考。

比尔·盖茨从小学开始就在学习中不停思考。就算放学后，他总是把自己关在卧室，思考着一天所学的东西。以致他的母亲叫他出来吃饭时，他却置若罔闻。当母亲问他在干什么的时候，比尔·盖茨总是回答："我在思考问题！"有时候他还责问家人："难道你们从来不思考吗？"正是由于他在学习中勤于思考，比尔·盖茨后来考进了哈佛大学，最后创办了微软公司。成为世界首富后，他也一直是一个善于思考的人。

今天，微软公司还流传着这样一种说法："和大多数人谈话就像从喷泉中饮水，而和盖茨谈话却像从救火的水龙头中饮水，让人根本无从应付，他会提出层出不穷的问题来。"

6. 质疑者代表人物：夏洛克·福尔摩斯

质疑者总是希望周围的环境像小葱拌豆腐一样一清二白，对于权力、责任和问题等等，都要分个清清楚楚。如果事情纷繁复杂，自己就会感到手足无措，心生恐惧，结果要么逃避，要么积极主动解决问题。著名侦探夏洛克·福尔摩斯就是采取后者摆脱疑惑的。

夏洛克·福尔摩斯，是英国侦探小说家柯南·道尔塑造的一个天才侦探形象，现在已成为世界名侦探的代名词。

福尔摩斯是一名"咨询侦探"，意思是说当其他私人侦探或官方侦探遇到困难时，就会求他帮忙。为什么大家习惯向福尔摩斯求助呢？这和他的性格有很大关系。一旦接到案子，福尔摩斯立刻会变成疯狂追逐猎物的猎犬，开始锁定目标，然后将整个事件剥茧抽丝、层层过滤，直到最后真相大白。

7. 享乐主义者代表人物：老顽童

享乐主义者的最典型特点是贪玩。这类人就像永远长不大的孩子，渴望永远年轻。提起这些，我们马上就会想到金庸先生笔下的老顽童，他就是一个典型的享乐主义者。

老顽童周伯通是《射雕英雄传》中王重阳的师弟。他练武资质甚高，内功深厚，但从不迷恋"天下第一"的称号，也不贪图全真教的掌门之位。老顽童不争名不争利，整天嘻嘻哈哈，人老心不老，无忧无虑，贪玩好动。其享受人生乐趣的态度，为人们树立了榜样。

8. 领导者代表人物：尼采

领导者有勇敢无畏的开拓精神，他们肯冒险追求难以达成的目标，具有英雄主义气质。这里，我们先介绍其中一位代表——尼采。

尼采是19世纪德国唯心论哲学的代表人物，他强调人的价值，认为在没有上帝的世界里，应当建立以人的意志为中心的价值观。他公开反对一直以来以纯理论观察宇宙的哲学思想。如果以尼采为分界线，在尼采之前的传统哲学体系被瓦解了，带来的是人类思想的新纪元。

9. 调停者代表人物：刘邦

调停者也许不是某个领域的专家，但他是最有可能将各路英雄聚集起来的人。

刘邦就是这类人格的典型代表。刘邦在取得天下后，总结了自己统一天下的经验："夫运筹帷幄之中，决胜千里之外，吾不如子房（张良）；镇国家，抚百姓，给馈馈，不绝粮道，吾不如萧何；连百万之众，战必胜，攻必取，吾不如韩信。三者皆人杰，吾能用之，此吾所以取天下者也！"在刘邦身边的这三人中，张良负责运筹帷幄，韩信负责调兵遣将，萧何负责处理政务。

刘邦的个人能力并不是最强的，但是他能将专项能力最强的人聚集在自己身边，并驾驭他们，这种能力是9号调停者的突出地方。

九型人格理论的运用

九型人格就像一面镜子，把不同人格的人分析得清楚明白，是我们了解自己、认识和理解他人的一面镜子，是一件有效与人沟通、交流的法宝。

在工作、交往、恋爱、教育子女等的过程中，运用九型人格的理论，会给人带来事半功倍的效果。

在工作中，一旦掌握九型人格这个理论工具，就会充分了解自己的个性特质，找准适合自己发展的职业，跳出个性局限，突破事业瓶颈。

在人际交往方面，利用九型人格理论分析身边的人，了解他们产生这些行为的原因，在和他们交往时不仅能避免误会，还会找到相应的解决问题的方式。

对于恋人来说，当一方掌握了九型人格的道理，就会清楚知道对方是哪一类型人，对对方从前的做法加以理解，并学会站在对方的角度看问题、欣赏对方。

在教育孩子方面，运用九型人格这个理论工具帮助孩子朝着健康的方向发展，对孩子也能产生积极的影响。

在成长路上，通过九型人格，可以充分认识自己个性中的优势，跳出个性的局限，从而收获属于自己的人生。

作为领导，九型人格理论能帮你练就一双慧眼，挑选精兵良将，选拔合适的人才。能力固然重要，但有的性格类型有助于团结大家，活跃氛围，为公司创造更多利润。在用人方面，善于分析对方的个性特质，安排给他相应的工作，使他发挥最大潜能。

作为管理者，团队的领军人物，可以根据每个成员的个性类型，合理安排他们的位置，保证他们发挥最大的才能，善于用恰当的管理方式，令他们跳出个性局限，获得卓越的成就。

作为决策者，要知道自己属于九型人格的哪一类，做决策时就会知道怎样筛选和过滤相关信息，从而做出客观全面的决策。

九型人格理论不仅对个人的事业有指导作用，时至今日更被全球很多国家和企业运用。可口可乐、惠普计算机、Nokia、美国中央情报局等企业对此进行了广泛应用。全球 500 强企业的管理阶层都在研习九型人格，并以此培训员工，帮助建立团队、促进沟通、提升领导力、增强执行力等等。

以上只是九型人格应用的一小部分。我们要学会学以致用，用九型人格理论分析自己和身边的人，解决身边的问题，你将获益匪浅。

与人格有关的其他因素

我们常常用生肖、星座、动物等描述一个人的性格，他也许是龙年生的人；他可能是天蝎座；他看上去像小猴子一样，这样的话时常会在我们耳边响起。和身边人的相处，教育自己下一代的"接班人"，了解他们、认识他们，显得尤为重要。

生肖与人格

2007 年，离妻子的预产期还有两周之时，大伟异常兴奋。想到即将出世的宝宝，大伟就好像摸到了孩子那粉嘟嘟的小脸蛋，听到小家伙喊"爸爸"，每每想到这，这位准爸爸就激动得整晚睡不着觉。这不，预产期还差一个星期的时候，大伟就忙不迭地跑到医院想给妻子定床位，结果跑到医院一看，病房里、走廊上人满为患，都是去做检查、预定床位的准妈妈、准爸爸们。大伟一看这事态，马上跑到登记处问："医生，一星期以后的床位还有吗？""别说一星期，一个月以后的都没啦。"大伟一听，急得就跟热锅上的蚂蚁一样团团转。后来直到市妇幼保健院为了让孕妇们安全生产，将部分医生办公室腾出来变成病房，大伟才为妻子排上了号。

原来，2007年是传说中的"金猪年"。按中国人的五行学说，分金、木、水、火、土五行，每年都有不同的属性。2007年，是五行中的"金"，加上十二生肖中的"猪"，就构成了"金猪年"。金猪年60年才碰得到一回，据说这一年出生的金猪宝贝们长大后会大富大贵，就算不是富贵荣华、飞黄腾达，也是福寿安康、不愁吃穿。于是，在这一年就出现了生"猪宝宝"的热潮。据资料显示，2007年才过去两个月时，出生率竟然就高出往年20%，到年底出生的"猪宝宝"更是超过了2200万。

按照生肖来说，猪年出生的孩子真诚正直、慷慨大方，凡事认真实行。他们大多做事光明磊落，不会与人斤斤计较，人缘极佳。"猪宝宝"们与人没有太多的竞争，举止得当、态度和善，但他们为人因没有猜忌心而经常上当受骗，有时性格急躁易冲动，缺乏沟通协调的精神，而且容易贪图玩乐，从而丧失进取心。

十二生肖中除了可爱的"猪宝宝"，其他的性格特点又是什么呢？一般说来，"鼠宝宝"性格明朗、乐观，在任何环境中都能适应，不会斤斤计较，显得随遇而安，也因此不会闷闷不乐。他们总是发挥顺应生活能力的一面，使他人具有好感，因此也能得到他人相助。缺点是见利忘义、固执己见、为人自私。"马宝宝"性情开朗、浪漫热情，有着乐观的处世态度，为人侠义、爱打抱不平，而且他们做事积极、坦率、点子多，领悟能力强，各方面天赋都很高。不过"马宝宝"们脾气暴躁、虚荣，做事没有毅力，常常半途而废。

十二生肖的起源，今已难以细考。长期以来，不少人将《论衡》视为最早记载十二生肖的文献。《论衡》是东汉唯物主义思想家王充的著作。《论衡·物势》载："寅，木也，其禽，虎也。戌，土也，其禽，犬也。……"值得注意的是，以上引文只出现了十一种生肖，所缺者为龙。于是该书《言毒篇》又说："辰为龙，巳为蛇，辰、巳之位在东南。"这样，十二生肖便齐全了。

十二生肖的产生，还有天文学的背景。在原始时代，先民们体验着寒暑交替的循环往复。观天者发现月亮盈亏周期可以用来丈量岁的长短，发现十二次月圆为一岁，这一发现，是初期历法最精度的成果之一，于是"十二"便视为传达天意的"天之大数"。天干需地支为伴，日月相对，天地相对，就非"十二"莫属了。而十二生肖与人的性格关系，很大程度上则是由每种动物身上原本具有的性格特征所影射出来的。比如"龙宝宝"一般有强健的体魄，他们精力旺盛、朝气蓬勃，有崇高的理想，而且"龙宝宝"为人坦诚、充满智慧；但他们性格傲慢、缺乏宽容之心且自负、好大喜功，缺乏坚忍不拔的精神。"蛇宝宝"们处世老练、善于言辞、沉着冷静，天生求知欲就很强，且善于思考，对事物的是非判断能力很强，但他们爱慕虚荣、多疑，情绪不稳定，不易与人相处；这些都是从动物身上影射下来的特点。

其实，不论是什么生肖，都有自己的优点和缺点，都一样的聪明、可爱。不存在哪个生肖好，哪个生肖坏的说法。

星座与人格

星相学起源于古巴比伦王朝，至今已有 4000 年的历史，它的换算日期以农历为准，分为十二类。它同血型一样，可以透视孩子的性格特征。

星相学，是星相学家观测天体、日月星辰的位置及其各种变化后，做出解释，来预测人世间各种事物的一种方式。

它的最初目的是根据人们出世时行星和黄道十二宫的位置，来预卜他们一生的命运。后来发展为几个分支，一种专门研究日食或春分等天象与人类的关系，叫作总体占星术；一种用来预测行动的最佳时刻，叫作择时占星术；还有一种就是我们在国外影视作品中常常见到的根据求卜者提问时的天象来对问题做出回答，叫作决疑占星术。

在星相学里，行星和星座都是以某种因果性或非偶然性的方式预示人间万物之变化的。星相学家们认为，某些天体的运动变化及其组合与地上的火、气、水、土四种元素的发生和消亡过程有特定的联系。这种联系的复杂性，反映了变化多端的人类世界的复杂性，而这种复杂性是不能为世人所掌握的。

在这里值得父母注意的是，星相学并不是一门像天文学那样精密的科学，它只能预测出事物发展的趋势，而这种趋势是可以为人的意志所左右的。所以各个星座的特点不能强加在孩子身上，而应该按照孩子的个体特征去进行科学的培养，这才是正确的方式。

第一章　完美型人格

达到完美是终止父母批评的方式

在一个个小圈子中，在人与人的交往中，有谁不想得到别人的尊重呢？

尤其完美型的人，更希望人们尊敬自己。或者说，他们在婴幼儿时期就企图用行动来讨取大人的喜欢。

完美型的人往往是家中的长子或长女，被期望着为其弟弟妹妹们做出好的榜样，背负起带领弟弟妹妹的责任。或者他们有着会公然生气和乐于批评的父母，口头上只有责备、不赞成，而缺少对孩子的爱。

生活在这种环境中的孩子，很可能要先发制人地试图做一个"好人"。所以，他们把父母以及长辈的批评眼光内化，为了不被批评，时刻监视自己不要做错这事，不要做错那事，从而达到完美。

达到完美，也是幼小的子女终止父母无休止的批评的唯一方式和最好的方式。

案例：

一位完美型人格的先生曾经这样回顾他的幼年时代和成年时代。他说："我父亲是位技术精湛的外科医生，母亲是位备受人们尊重的小学教师，可他们对我却极为苛刻，甚至让我难以忍受。

一次，我带着7岁的弟弟和5岁的妹妹在家中玩耍，弟弟突发奇想地要玩抢救病人的游戏。于是，我扮演医生，妹妹扮演护士，弟弟不情愿地扮演起患者。

弟弟猫着腰，装出痛苦的模样从门外走进来，说他肚子疼得难以忍受。我问恶心吗？他说恶心。我问呕吐吗？他说呕吐。

我说，你因暴饮暴食吃进了病菌或寄生虫或者其他什么异物，现在已经侵入了你的阑尾，开始红肿发炎，如不及早手术就有生命危险。

小妹妹听说要做手术，乐得手舞足蹈，迅速跑到父亲的房间拿来放在家里的手术刀和止血钳等器具。

弟弟一见这些真正的家伙，便表现出惧怕，说不再扮演患者。妹妹说你不扮演不成，已经说定，不然哥哥会打你的。弟弟说打我也不演患者。妹妹便将他往床上按，我也帮助。弟弟急了，打了妹妹一个嘴巴。妹妹哭了起来，哭得无休无止，推翻了椅子，摔坏了玩具，而且把手术刀和止血钳等都扔到了地上，整个屋子一派狼藉。

此时，父亲和母亲下班归来，看到满屋子的混乱局面，不分青红皂白地第一个训斥我。我不服气，认为主要责任并非在我，便回撞了几句，遭到的竟是更加严厉的训斥。

父亲的理由是我的年龄大，应该多懂事，带领弟弟妹妹们多做有益的游戏，减少弟弟妹妹们的吵架次数。

在父亲的训斥下，我似乎也觉察到了自己作为兄长的责任，感觉到了兄长就应该把事情做得十全十美，弟弟妹妹们的过错与自己有着直接和间接的关系。

于是，以后的日子里，我努力做对每件事。可是，父母们就像一对永不满足的人，即使我把事情做得很好，他们却说'还好'，转而又要求我做下一件事，而且提出的标准更高，要求更加严格。所以，我完成事情毫无荣耀可言，就像永远不会停止的转轮。

父母的严厉，使我做任何事情都要求完美，久而久之便形成了习惯。包括小学、中学、大学，我都要求自己在拿到好的分数的同时，再多做一些有利于同学的事，以行动来得到人们的好评和尊敬。

这种习惯对我成年后的发展很有益处。

我大学毕业后，分配到一个化妆品公司当推销员。在推销员职务上，我虚心好学，竭尽全力去干，很快便学会了过人的推销本领。不久我被提拔为一个地区的销售副主管。

我抓住广告这些有效的宣传方式不放，想尽办法与各地电视台和报社拉关系，尽量少花钱，多播出次数。另外也绝不放过与那些较大的守信用的商家的关系，并及时收回货款。当年的销售额比上年增长了52%。

优秀的工作成绩使我的名字进到了公司最高领导层的耳中，不久，被提升为那个地区的销售主管。

32岁那年，我又被调到公司总部，担任公司的销售部经理。公司总经理是位很有才华的人。直接在他的手下工作，使我受益匪浅。我的人格逐渐完善，才能也逐渐升华，开始崭露了杰出的管理才能。由于深得总经理的信任，几年后又接任了副总经理的职务。"

完美型人格的人，如果完美不能实现时，也会产生急躁情绪和压抑心理。

这种急躁情绪和压抑心理是危险因子，会使这种类型的人做出意想不到的事情。他们越是压抑，心情就越混乱，往往连朋友的意见一时也难以接受。他们会对朋友讲出更多必须自我压抑的理由。

当完美主义类型的人连续遭到失败时，他们的规则表就会不断扩大。也就是说，真理的界面被拓宽，完美的标准也在放宽。他们一旦采纳了正确的意见，就会把它付诸行动，用以取代直觉的真理和真正的优先事项，组成了他们的自我遗忘；把失败原因放在他们的自身、行为和外界的错误上。

自我批评意识强烈

一些完美型人格的人对事物的根本反应和产生的情绪，常常会为了合理化而压抑着。

假如某件事或某个人对他们来讲，很不随心，也可能惹恼他们。但是，他们却不一定发火。而且愤怒这种情绪就像一股自由流淌的能量，滋润他们的全身，在他们身上变成一种内在的动力，帮助自己把工作做好。

这些人即使真的生起气来，别人也很难感觉得到。

案例：

安世忠是某公路运输公司的司机，他工作勤勤恳恳，驾车途中分分秒秒想着安全，曾经被国家商业部命名为"百万公里无事故先进驾驶员标兵"。面对那块奖牌，他说："其实没什么，对我来说，是一种肯定和鞭策，一个汽车司机，每天都要争取顺顺利利地出去，安安全全地回来，这是干这行人的本分。"

就在安世忠获得奖牌的那年年底，评选先进生产者时，他却落了榜，理由是陪护重病的妻子在北京住了两个月医院，年出勤时间不足 11 个月。

对此，他很愤懑，说："老婆得病，我去护理，没能上班，又不是我没事想歇着。"

愤懑归愤懑，工作照样勤勤恳恳，甚至比以前更加热情。

车队接受了抢运 3000 吨葵花种子的任务，单程 310 公里。因为农时不可延误，必须按时完成。他早出晚归，一天一个往返。

别的驾驶员觉得劳累，谎称自己驾驶的汽车有故障需要修理，便将车开进修理车间，借机休息一天，他却不然。一次在路上后弹簧弓子断了，他冒着严寒躺在地上换了 4 个多小时，回到车队已是凌晨。一夜没有合眼的他，只在车库内打了一个盹，便又随着大家出车了。在那次任务中，他跑的公里数最多，运的吨数也最多。

抢运葵花种子的任务刚完成，车队又接受了一项更艰巨的任务。油田到大连港口的输油管道开工，他们需派出 5 台车辆参加。这是个条件十分艰苦的差事，吃无定点，睡无定居，运输量大。

面对艰苦的工作，他第一个报名。

到达工地后，他一声不响地在那里干了 3 个多月。别的司机都借故回家看看，他却一直坚守在岗位上。

完美型的人之所以不把愤怒表现在外表，是因为他们把初始的外在带给的愤怒有效地压抑在心里，用对自己的愤怒取而代之了。

这样，就把自我遗忘和对所有情绪的抑制正当化了。

也不是说他们的这种愤怒的情绪永远都不会发泄，经过长年累月的淤积，那些真实的愤怒偶尔也会爆发。这种爆发力会很强大，让所有的人都感到吃惊。很多人会感觉到这种愤怒是针对他的。实际上，连发火的完美型的人自己都不知道针对的是谁，也不知道发火的目的是什么。

他们的这种愤怒表现，是早在几个月前开始的，只在心中游荡着，等待着，刚好外界带来的某种因素触动了它，它便从内在肆无忌惮地冲了出来。

完美型人格的人的自我批评意识非常强烈，致使愤怒很难表现出来。假如真的表现出来了，往往都是正确的，是外在环境所造成的正当行为。

善于把挫折形成的愤怒转化为憎恨

完美型人格的人善于把挫折形成的愤怒转化为憎恨。

他们不想接纳自己的怒气，心智会使怒气很快变成一种思想，这种思想就是尽最大能力把事情做好，让那些使自己愤怒的人看看，让众多的人看看，自己是个很有责任心的人，工作能力很强的人，很完美的人。

在完美型的人看来，自己的头脑是最安全的港湾。因为心智可以在那里运用一个个规则对一个个情绪进行出于公心的审判，然后再将化为思想的情绪释放出去与外界融合，使自己的工作和事业不断前行。

完美型的人经常拿自己和别人比较，就像心智让标准与情绪比较一样严格。他们的比较往往是公平的，既能看到自己的长处，也能看到自己的不足。

但是，无论自己比别人好还是比别人差，都会让他们感到生气。

因为他们既喜于自我批评，也热衷于批评别人，无论谁，离开了准则或者没有达到标准都会惹起他们的愤怒。

他们把这种愤怒转化为思想后，就会把这种思想立即投射到外界去，使其与真实接触，然后再用标准去检验。

案例：

一位成功的女士说："我年轻的时候，对社会上的一切不公和所有人的怠惰、愚笨都无比愤恨。于是，便与他们针锋相对地斗争或给予指责。

我的邻居是位贪小便宜的人，做任何事情都把自己想在前边。集体大扫除，他总是打扫完他家门前就回屋休息，公用地段一概不管。别人看着他那个样子，不是暗地里嘟囔，就是视而不见。我却不然，去他的家里把他叫出来，他若不情愿，我就与他说理。

对待那些以权压人的人更是不惧怕，我们工厂的一个退休工人，家里死了老伴，两个孩子在外地谋职，没有来得及赶回家中，仅剩下一个老头儿又料理不过来，我替那老人找到了厂工会求帮忙，工会主席却借由说人手少，无暇过问。

职工家中有婚丧之事，单位工会出面帮助料理是工会的职责，可是工会主席不予理睬，我却心发疑虑。当在那位退休老人的口中得知是老人退休前曾与他不睦时，便没有压住怒火，又重新返回工会，在我的指责下，工会主席终于安排了人。

这一切都是我刚刚参加工作时的事情，以后虽然对一些不公和怠惰之事也很愤恨，采取的方法却不是那样的了。因为我那样做，惹来了很多麻烦，经验使我懂得了什么是策略。

不过，在我的心中仍然难以忍受那些做错事的人，即使那些愚笨的人做错事，我也觉得他们是故意的。在我的眼里，一半的人都应该受到处分甚至被辞退。

当然，我现在当上了厂长，有权那样做，但是我不能，因为我知道那是自己的偏见。人，需要教育，需要引导，需要建立一整套的规则对他们进行约束。"

完美型的人也不都是用心智严格地控制情绪，让愤怒转变为思想的。也有一些完美型的人在适当的时机公开批评别人或大发雷霆。他们这种公开批评或发怒，通常都在他们的规则之内，做得都很正确。

完美主义者的自我测试

测试一：你是否是完美主义者

如果你要判定你是否是一个完美主义者，请看看下面几个问题：

（1）你是否经常心里计划今天该做什么，明天又有哪些计划。

（2）你是否对那些行为随便的人感到厌恶，并且暗自批评他们对自己的生活太不负责。

（3）当你在计划购物时，你是否不想理睬对你进行推销的人，而是去寻找一些你需要的信息，然后再做定夺。

（4）当你在工作的时候，如果遇到有人打断，那么你的注意力是否会被转移，并由此感到愤怒。

（5）你会不断思考，某件事如果换成另一种方式来解决，是否会更加理想。

（6）你是否经常对自己或他人感到不满，因此经常挑剔自己或他人所做的任何事。

（7）你是否经常顾及别人的需求，而放弃你自己的需求和机会。

（8）你是否经常认为自己做任何事都是全力以赴的，却又常常希望自己能够再轻松些。

（9）你是否经常对自己的服装或起居室布置感到不满意，而去时常变动它们。

（10）你是否经常认为当别人没有一次把事情做好时，自己可以重新去做这项工作。

对于以上这些问题，若你都回答"是"，无疑你与完美主义者相去不远。

测试二：测试你的完美主义程度

1. 你交朋友的习惯是：

a. 与你有联系的人都可以成为你的朋友。

b. 有共同目标或兴趣爱好的人才能成为你的朋友。

c. 宁缺毋滥，和你不属于同种类型的人坚决不与之交往。

2. 与人交往，你坚持的原则是：

a. 大家都是朋友，也是互助伙伴。

b. 平等对待，互不干涉，以不损坏相互利益为前提。

c. 在学校里还有可能交到朋友，但职场如战场，不可能有真心朋友。

3. 一直很少与你说话的同事主动给了你一个苹果，你会想：

a. 这是友好的表示，你马上也拿出自己的小点心送给对方或做出其他表示友好的举动。

b. 是有什么事情要请我帮忙吗？

c. 这苹果坏了吧？

4. 有人激怒了你，你会：

a. 大事化小，小事化了，不放在心上。

b. 弄清楚原因，然后采取措施。

c. 记在心里，一旦抓住机会就施以报复。

5. 一直都很想养宠物，但迟迟没有实现这个愿望，因为：

a. 太忙，没时间去挑选自己喜欢的。

b. 想养，但又怕伺候不了。

c. 养小宠物，无法搂着玩儿，养大宠物，太费心思。

6. 出门旅游，你对行程的态度是：

a. 沿着经典的旅游线路走，看沿途风景，吃特色小吃，随心所欲。

b. 找一条自己一直以来都很想尝试的路线，希望旅途中不会遇到突发事件。

c. 事先打听和研究出多种方案，综合分析出一套性价比最高的方案，一旦中途被迫改变行程，心情便会受到影响。

7. 周末在家休息，可是还有学习或工作上的事情要做，你会：

a. 一醒来，不梳洗，立即下床或干脆坐在被窝里就开始做事情。

b. 起床后进行简单梳洗，把房间和写字台整理干净，然后开始做事情。

c. 先和往常一样来个大扫除，然后洗澡换身干净的衣服，再准备些饮料和甜点，然后才开始做事情。

8. 和朋友们聚餐后，下台阶不小心踩空，坐到了地上，你会：

a. 赶紧站起来，不好意思地冲朋友们笑笑。

b. 抱怨这个饭店台阶的设计有问题。

c. 把服务员找来，当着朋友们的面，和他们理论一番，希望饭店能够改变台阶设计。

12. 看着恋人为你而减肥瘦10斤后的脸庞，你觉得：

a. 感动，他（她）是在乎我的，肯为我辛苦、努力地减肥。

b. 这是个有毅力的恋人。

c. 怎么还有小粗腿啊！

13. 恋人约你吃饭，点了一桌菜，还有一大半没吃完，你在想：

a. 原本觉得两个人能吃完这么多的。

b. 连宠物的菜也点了，算不上浪费。

c. 要是他（她）真心爱我，对我好，多点一些菜不算什么。

11. 当你路过恋人单位附近时，你给他（她）打电话，希望：

a. 问问他（她）你要去办事的地方怎么走最方便。

b. 告诉他（她）你的位置，希望听听他（她）的声音。

c. 他（她）能露个面，能陪我吃个饭，最好在周围逛一会儿。

14. 在饭店吃饭时，你和服务员因为菜的味道发生了争执，你希望你随行朋友的态度是：

a. 如果劝你算了吧，就实在可恨。

b. 同意你的看法，虽然他（她）可能觉得菜的味道没有那么不堪。

c. 和你一起搞定那个服务员，同服务员理论或打一架。

9. 你的恋人没有猜到你的心思，你会：

a. 坦白地告诉对方。

b. 抱怨，然后委婉地给对方各种暗示。

c. 生闷气，不理对方，促使对方反思。

10. 心情不好时，你希望恋人：

a. 能够来静静地陪着你，如果他（她）没有时间，也不会抱怨。

b. 能和你一起出去玩。

c. 为什么我心情不好时他（她）不在身边，自己的事就应该是对方最重要的事，对对方的行为很不满。

结果分析

1—4 题测量你的人际关系，5—8 题测量你的生活方式，9—14 题测量你对爱情的态度。

计分方式：选择 a 计 0 分，b 计 1 分，c 计 2 分。

总分：0~7 分，正常心态；8~14 分，完美主义；14 分以上，完美癖。

第二章　给予型人格

很在乎别人的感情和需要

这种人格是九型人格中的一型性格，名为"给予型"，又称为"给予者"。他们总是能将心比心，帮助他人，热情、大方、诚恳、体贴、有鉴赏力，并且鼓励他人。对他们而言，服务精神是非常重要的。即使超出他们的常规也照做不误。他们总是替他人着想，给予他人无条件的爱，不求回报，觉得能帮助他人是一种幸福。

健康的给予者主要特点是：渴望别人的爱，希望关系融洽和睦，甘愿迁就他人，以人为本，要别人觉得需要自己，很在乎别人的感情和需要。别人满足地接受他们的爱，他们才会觉得自己活得有价值。

健康的无条件的爱，能自由地给别人，不需酬劳，是众人格型中最体贴、最有爱心的。健康的给予者很容易接受别人，会站在别人的立场去观察、去思考、去聆听。健康的给予者在处理人际关系方面，习惯表达感恩，帮助他人而不需他人的回馈。帮助及爱护别人是此型人的特性。虽然他们对别人的需要很敏锐，但却常常忽略了自己的需要。对他们来说，满足别人的需要比满足自己的需要更重要，所以他们很少向人提出请求。由此说来，他们的自我个性并不强，很多时候要帮助别人去肯定自己。

不健康的给予者主要特点是：爱妒忌，喜欢占有，有时扮演歇斯底里的伤害者的角色。总感觉别人没感恩的心，自己做了这么多而没有回馈。在接受别人的爱时，常轻视自己，不会关心自己，否认自己有需要，很难直接向人要求。自己没有能力照顾自己，需要别人的关心和同情，依赖别人。总觉得别人会占自己的便宜，虽有很多朋友，但多限于泛泛之交，友谊并不深厚。

属于这一类型的你，可以说是自豪的，骄傲的。其实，一向以助人为快乐之本的你，是通过热心帮助别人去肯定自己，要朋友接纳、欣赏自己。所以当有朋友找你帮助时，你自己是非常开心的，也会有自豪和骄傲之感。

可是，当你投入的时间和精力越多时，你希望得到的回报也就越多。很有可能，你希望朋友接触你，甚至是只接触你一个，事事和你分享。这便反映了你内心的占有欲。如果朋友没有这样做，你会很失望，甚至觉得他们背叛了你。你可能会对他们施与压力，控制他们。当然不是说每个这种类型的人都会这样做，当我们状态不佳，心情不好时，会出现上述倾向。因此，要多多留意自己的情绪反应，及时控制和改善。

不健康的类型有两种自我防卫机制，即压抑和投射。

（1）压抑：自我欺骗，意识到不自己经常有很强烈的帮助他人的想法。

（2）投射：将自己的需要投射到他人身上，不管他人是否需要帮助。

这一类型的人可以说是"迷人的妖精"。此类型的人高明的一面在于他们拥有惊人的能力去帮助他人，这种能力可能造成鼓舞人心的效果，你甚至不知道发生了什么事，只是觉得对自己非常满意。

属于给予者类型的人通常考虑的问题是，自己该如何私下帮他人把工作做得更好。在电脑销售服务部门上班的经理安迪，发现手下一名业务员的进度落后，安迪非但没有斥责他，还把他叫到办公室聊了好久。聊天中，他得知这名员工刚移民，还不太适应美国。安迪说："我发觉若能了解他这个人，我就能更容易地帮助他在工作上展现更好的一面，只要我进入熟悉的状况，而且他也讨我喜欢，我就知道一切都不会有问题了。他发现我在注意他，在支持他，于是情势立刻就好转了。"

这类型的人很善于沟通，他们能与各种不同层面的人融洽相处，在不同的场合，以不同的面貌亲近不同的人。相较于同样随和的调停者来说，他们则保持相同的面貌及待人方式去面对上司、下属或其他人。所以给予类型的人以魅力来征服上司，但在属下面前却像个出众的主角。对大部分此类型人而言，这两种角色他都能够胜任，而这正是这一型人格的优势所在。

在工作上，他们是快乐而爱施小惠的专家，他们赏识别人的方式正是他们渴望被赏识的方式，他们会记得生日、纪念日和其他特殊节日，并且会写卡片祝贺。在他们负责的办公室，会经常堆满礼物。同时，他们也善于迅速表达感激，这也正是他们希望你对他们做的事。

在生意场上，此类型的人习惯以客为尊。跟受市场驱策的实践型相比，实践型会说："这是我的生意，让我们去抓住客户吧。"然后提供非凡的顾客服务。但给予者则说："我服务这些人，所以我必须介入这笔生意。"

给予者期望他们的下属和他们一样能以客为尊。在某家百货公司当经理的鲍勃说:"你的摊位就是你的商店,我只要求一点,在你们向我报告问题前,别让顾客的纠纷出现在我的门前,等顾客找上门时,我要能告诉他们问题已经解决了,这就是我们服务标准。"看到人们脸上流露出认可的表情,他们便会愉悦。这类型的人往往会这么说:"使别人愉悦对我来说意义非凡,如果我不能做到,我就会感到自己非常失败。"

虽然他们可能看起来热切,甚至有时还很天真,但这一类型的人其实是最佳的"包打听",他们对团队及里面的每个人都很了解,因为他们知道每个人都在忙些什么。在与人建立关系的过程中,给予者能察觉周遭发生的一切。同时,他们也喜欢倾听,只要那是让对方快乐的条件之一。

不难发现,这类人格的人通常表现出活泼、外向、友善、自信、精力充沛,把自己的快乐建立在帮助别人的基础上。

一位职场女性这样讲述自己的性格:

我不知道自己具体属于哪类人格,只是觉得内心愿意帮助别人,心里总想着为他人做点事,哪怕给同事擦擦办公桌,把用过的一次性饭盒扔进垃圾筒,或利用休息时间给邻居的孩子补习功课,每当做完这些事,心里就会感到充实、快乐。每次碰到向灾区捐助物资的活动,我总会把家中的闲置衣物尽可能多地捐出去。有一年,公司的工作任务很重,人手又紧缺,可是为了晋升职称,每个员工都争相要求脱产或半脱产到全日制大学或函授大学深造。虽然我也渴望获取高一级的职称,也想通过晋升职称这种途径来提高工资,但我考虑到公司的整体利益,考虑到别人,就主动放弃了,一个人担起了两个人的工作。就因为放弃，我至今还是中级职称，那些技能不如我的人由于取得了高一级学历，已经得到了高级工程师的职称，薪水远远超过了我。可我心里并不觉得后悔。每当逢年过节，给亲朋好友送礼，我从不会敷衍了事，总是精心挑选，力求符合他们的口味，即使要多花上一些钱，我也在所不惜。虽然我的经济并不宽裕，我也从不产生得不偿失的感觉。

这种人格的人，非常重视人际关系，主动用自己的智慧、财力和物力帮助别人，并不谋求索取。他们总是显得自给自足，在为他人服务时体现自己的能力和成功，获得满足感。

案例1：

1996年，33岁的刘小光取得硕士学位后，在一家企业上班，企业中有一位比大他两岁的女同事，大专毕业，对他产生了爱意。他却尽可能与她保持距离。女同事主动为刘小光的杯子倒满水，起初他礼貌地说声谢谢，后来发现了端倪，便装出视而不见的样子，可心里总是觉得不是滋味，心想这样对待别人是不是太不近人情了。双休日，女同事主动约刘小光去公园，可是他每次都借故推托，推托后又觉得自己做得不妥，别人是否会认为自己太目中无人了。

时间久了，她似乎感到了疲倦，或许失去了信心，或许自尊心受挫，逐渐不主动与刘小光亲近了。刘小光如同卸去了重担，觉得轻松了许多。

可是不久她不幸患上了胃癌。手术后，刘小光随着同事到医院探望。她很衰弱，脸上毫无血色。看到大家后，流下了无助的泪水，悲哀地说道："我的时日不长了。"大家安慰她说："癌瘤就像人身上长出了一块多余的肉，只要把它切除，就不要紧了。"

刘小光也安慰她说:"切除胃瘤和胃穿孔手术一样,术后需要经过一段时期恢复,就会重新获得健康。"他虽然嘴上这样说,心中却觉得她会不久于人世。

刘小光从医院出来后,心里不由感到一阵苦闷。他独自一人到一家餐馆喝了两瓶啤酒。他一边喝,一边想着她的病情。回想起她对自己的追求,觉得自己太残忍,怎么能用那样冷淡的态度对待她呢?于是,他满怀内疚,觉得对不起人家。

第二天,刘小光一个人去了医院看望她,他握住她的手说:"你出院后,咱们就结婚。"她激动得流下了眼泪。可她说,她不能与他结婚,因为她真心爱他,因为自己不想拖累他。

几个月后,在刘小光的再三说服下,他们领取了结婚证书。在刘小光的精心照料下,她又幸福地生活了5年,到2001年秋因癌症再次发作离开了人世。弥留之际,她握住刘小光的手,感谢刘小光给了她人生中真正的幸福。

每当刘小光回忆起这段往事,仍然认为他的给予是值得的,他的爱使一个癌症患者又多活了几年。虽然他在这几年中付出了很多,但心里觉得很充实。

具备给予型人格的人在为他人服务时,展现自己的才干和成功。他们还善于调整自己来迎合他人的需要。这不仅仅体现在物质层面,有时还体现在精神方面。他们甚至希望更彻底地成为别人需要的那种人。为了达到目的,他们会做出不同的表现,不会带有任何的欺骗成分。

他们有很多人格迥异的朋友,他们很高兴这些人格迥异的朋友不相往来。如果他们在同一个环境遇到了两个所喜欢的人,处理起来会很难。

给予型人格的人向来不为自己感到骄傲，因为他们并没有明显的需求，总是觉得自己有满足他人需要的能力。

他们不会把一种关系搞得过于亲密，怕把自己的行为和意向展露过多而引起别人的误解，致使被人拒绝而陷入尴尬境地。他们与人交往是有选择的，并非人人都当作朋友。他们的标准是那种特殊、有挑战性且难以接近的人。

案例2：

我的邻居是一个典型的给予型人格的人。他特别愿意帮助别人，无论对方有何要求，他几乎是来者不拒。由于他承担得过多，导致自己狼狈不堪，久而久之，别人却认为这是理所当然的。

我们住在一个大杂院里，一共有七八户人家，大人、小孩、老人、妇女加起来近30口。院中公用地带常常弄得脏乱不堪，几乎全都由他包下来义务清扫。人们却习以为常，谁也不主动说声道谢的话。谁家的门窗因潮湿而关不上或玻璃打碎了，都由他帮助修理和更换。甚至他没有察觉到，全院的人都在支使他干这干那。他简直就是一个义务勤杂工。他虽然40多岁了，因为手脚勤快，人们还是习惯地叫他小李子，他也不表现出反感，似乎对所有人都很顺从。

可是有一次，全院子的人终于领略了小李子发脾气时的怒不可遏。

一天，南房一家新搬进一对中年夫妇，他们一时冲动吵起架来，接着打破了玻璃。由于正好是冬季，没有玻璃的屋子极为寒冷，冻得发抖的夫妇只好用报纸将没有玻璃的地方挡起来御寒。他得知后，主动把自己家中闲置的一块玻璃送去，用玻璃刀按照尺寸割好，然后安装上去。夫妇俩很感激他，硬是要留他吃饭，盛情之下只好从命，还顺便喝了几瓶啤酒。

邻居间相互帮帮忙，事后喝点酒以示感谢，这本来无可厚非。可小李子这个做好事从不要回报的人，一旦吃了别人的，却让习以为常的邻居们感到很不习惯，或者说是一种别扭。当小李子吃完饭从那家出来后，路过的快嘴王嫂戏谑地说："原来小李子学雷锋也要酬劳呀！"

小李子听了怒气冲天，冲着王嫂大声吼道："要酬劳又怎么样，我这样做高兴！"小李子的一反常态，使得毫无准备的王嫂手足无措，也让邻居们惊呆了。

能对朋友的需求给予支持

具备给予型人格的人通常目光敏锐，能够洞见朋友的潜力和需求，并及时给予支持。他们的帮助总是无私的，但也不拒绝他人的酬谢。不过，他们绝不会贪得无厌地去主动索要。

给予者非常在乎别人对他们的看法，他们希望被视为最优秀的，也是最无私的付出者。他们认为自己有魅力，有爱心，能够给很多人带来帮助，致力于满足身边人的所有的需求；他们坚信自己的付出会得到他人的信赖和支持。他们往往觉得自己是他人坚实的后盾，却往往忽略了自己的需求。

某家族企业的老板莎度拉，就是个典型的给予者。她准备退休，将事业交到她三个儿子的手上，但似乎始终不交出真正的掌管权力。莎度拉的一个儿子负责销售，一个儿子负责工厂，另一个儿子则负责办公室运营。当她任何一个儿子在其管辖的业务上发生问题时，都找母亲讨论对策，而母亲在未征询另外两个儿子的情况下，便开始执行可能影响到其他两个儿子工作的调整。当业务因调整而受到影响后，莎度拉会基于最好的意图再做出进一步的调整。虽然莎度拉声明不再过问公司事务，但儿子们都感到整个公司太依赖她了，没有母亲，他们该如何经营？就算孩子们试着彼此直接解决问题，莎度拉总是忍不住插手。"我为什么不把事情弄得更简单呢？"她问道。最后，莎度拉发现是自己借着煽风点火，使自己立于不可或缺的地位。她在儿子们的伪装下，继续控制公司，一直到她察觉到自己舍不得离开的那部分没有任何问题后，才放心地退出。

给予型的人，总是觉得自己是"我对大家好，不期待任何回报"的人，也就是他们不肯承认对人亲切是想赢得他人好感的手段。结果一旦得不到别人善意的回报，就会气愤地说："我对你这么好，你竟然……"会感到不满与焦虑。有了这种想法之后，就更期待别人带给自己幸福，这样下去，就失去了自我。

例如，有的老师会觉得自己辛苦，下课时间都在为学生讲解难题，为什么学生非但不感动，还公然与他顶撞？有的家长会觉得自己把所有的时间和金钱都花在孩子身上，为什么他还要嫌我啰唆，宁愿跟朋友待在一起，也不愿意回家？有的朋友面对自己失败的爱情，会觉得自己对对方这么好，全心全意地付出，为何他还是不珍惜我？当然，其中的原因可能有很多。但仔细想想，有一点原因，是否我们都在被那句"付出总有回报"误导？

如果我们没有付出，也许我们就不会有希望，也就没有了失望。但是，这并不代表我们只要付出了，就会有自己想象的回报。因为我们面对的是有主观感情的人。你为他们做的事情，到底是不是他们需要的？会不会为他们带来困扰？

有一个男孩喜欢一个女孩。那个男孩的确特别优秀，但家境不好。最后，还是被女孩拒绝了。结果那男孩开始卯了劲儿地追求：每天送花；女孩咳嗽，他立马跑去买药；女孩喜欢吃鱼，他马上去炖好了鱼送过来……这下，女孩身边几乎所有的人都被感动了，大家劝这女孩说："人家这么为你付出，多感动啊！你还在犹豫什么呢？"可那女孩对他的感情不但没有加深，反而越来越烦他。因为自己已经没有了独立的空间。因为女孩的不勉强，让外人觉得她是"铁石心肠"。她说："一个让我连自我都没有的男孩，如何让我动心？"

故事中的男孩就是一个典型的给予者。因此，对此类型的人来讲，付出代价绝不能是失去自我，自己都活不好，人家也无法心安理得地享受你的付出；付出，也不代表为他好就行，还需要真正去了解对方的需要。不然，只能让你付出的对象感到有压力，觉得烦躁，即使他理解你的本意。

此类型的人应该了解不可无谓地期待别人的称赞或感谢。了解"自己的需要必须由自己去追求"的道理，否则，即使牺牲自己为他人服务也得不到真正的满足。明白了这个道理之后，必定能走向积极的人生。

每个人的生命都是宝贵的，时间都是有限的，不可一味付出，要多考虑对方的感受，能让你事半功倍。

案例1：

一位专做艺术品推销的赵先生就属于这类人格的人。他对自己从事的事业很感兴趣，兢兢业业，就推销之道潜心钻研了二十多年，经验丰富。在他的无私帮助下，一些艺术人才得以崭露头角，由此而发迹的人也不少，可他本人从不主动炫耀，也不觉得自己有多么强的能力，也不在被帮助的人身上主动索取。谭先生是一位天资聪颖的艺术家，制作出的陶器别具一格，但由于不懂推销，只能挣得勉强维持生活的钱。

一次偶然的机会，赵先生认识了谭先生，看了谭先生的作品，就瞬间被他的作品吸引了。他觉得谭先生在陶器创作上有着极强的潜力和创造力，断定他所制作的产品会有广阔的市场，只是需要大笔资金来进行"包装"。然后，他教给了谭先生一些可行的推销办法，并鼎力相助，在人力和物力上毫不吝惜。最后，他们签了合同，明确规定获得经济利益后的分成比例。

赵先生靠自己在商界的关系，征集了上千名赞助人和赞助商，每位赞助人交付了 1000 美元的会费，会费总额达到一百万美元。

赵先生用这笔钱开始了轰轰烈烈的推销、宣传活动。他一边举办谭先生的个人艺术品展览活动，一边在报纸杂志上大张旗鼓地进行宣传，并开展了别开生面的广场演唱会等活动。经过三年时间，谭先生制作的艺术陶器一跃成名，成了非常受人喜爱的收藏品。每件作品的价格高达 10 万美元。

才华得到展示的谭先生开始思量，他觉得自己辛辛苦苦创作作品，收益让赵先生得去 50% 有点不合算，琢磨着撕毁合约，干脆自己单干。

谭先生找到一位在商界极具名气的刘女士，对她说出了自己的想法。刘女士觉得这样做不妥，劝告他说："有些人是千万惹不得的，尤其像赵先生这样有能力的人，社会声望很高，在商界几乎可以呼风唤雨，他既然能让你很快成名，也能让你很快一文不值。你作为一个处于起步阶段的艺术家，是不能这么背弃赵先生的，他对你还大有用处。"谭先生一意孤行，没有听从刘女士的劝告，决意与赵先生终止合作。

赵先生没有像刘女士想象的那样处理事情。他听到谭先生的请求后，虽然觉得有些不解和不快，想了想还是答应了。而且还告诉谭先生在经营中需要注意哪些事项，应该开拓哪些市场。

事实上，谭先生只是在陶器制作上具有艺术家的天分和素养，在市场运作中却一窍不通。虽然赵先生没给谭先生设置障碍来为难他，可是他的经济收入却日渐减少，大不如前，最后迫不得已又去找赵先生寻求合作。

得知谭先生的来意，赵先生并不气愤，只是故意拖延了几天，随之就同意了。对于这件事，赵先生与亲友的谈话中说："我接受谭先生的合作，并不单纯是为了钱，第一次的合作更是如此。我觉得谭先生是位不可多得的艺术人才，需要我这样的人去包装他本人和他的作品，我们的合作对他是很有帮助的。甚至可以说，我是把他的事情当作了自己的事情来做，负责任的程度甚至超过了我自己的事情。"

给予型人格的人为了被爱，总是在尽力去满足别人的种种需要。

对于他们，其他类型人格的人可能会不理解，觉得把别人的事情当作自己的事情去做，热情甚至超过自己的事情，真是不可理喻，难以接受，有时甚至觉得这种类型的人是不是想通过这种方式操控别人。

经过对很多这种性格的人进行认真考察、归纳论证和系统分析，可以得出这样的结论：做好事的目的是操控别人的人，我们将其人格归类为没有觉察的给予型人格。这种类型的人有时会歇斯底里、抑制情感，甚至可能为达到目的而无限付出。可以说，很多母亲就是这种人格。

试想一下，在家庭里，母亲充当着多种角色。在父母和公婆面前是女儿是儿媳，她们真诚地孝敬他们，使他们过得舒心，以此期盼着他们赞誉自己。作为妻子，她们秉持传统的道德观，全心全意操持家务，付出极大牺牲，以此赢得丈夫的赞美和周围人的好评。作为母亲，她们善于自我牺牲，严加管教自己的子女，通过真诚的爱去对待子女，企望子女成年后能有所作为，这样自己也能获得回报。作为母亲，她们时常会抱怨家庭中的人从不感激她的操劳，或从不给予任何回馈。之所以产生这些想法，是因为她们帮助别人的同时，也希求着对方的赞赏和回赠。

需要指出的是，母亲属于没有觉察的给予型人格的原型，但并不是所有的母亲都是这种类型的人。

相对于没有觉察的给予型人格的人，觉察的给予型人格的人，充满着爱心、同情心，能真心支持别人并能适当地给予别人。不论对待朋友、上司或权威人士，他们都是觉察力强、配合度高、忠诚无私的好帮手。

案例2：

每当人们谈论起我们以前的那位同事时，不免有些恋恋不舍和伤感，一些朋友甚至会潸然泪下。

她叫白思静，当时是我们编辑部的一名同事。在工作、生活中，她总是替别人想得特别周到。比如，遇到下雨天，她总是把自己仅有的一把雨伞借给别人用，自己却在回家的路上被淋湿。新同事上岗后，她会主动向他们介绍餐厅、洗手间的位置，向他们讲解工作中的要点。如果宿舍暂时还没有铺位，她会热情地将同事带到家中先安置下来。

她是发自内心地帮助别人，给人的感觉是那样和蔼可亲、令人温暖。1991年，我们所在市的几个县发生洪灾，村庄和单位被大水围困。由于深入灾区采访的记者不够，报社决定从各个编辑部临时调派编辑人员到灾区采访，白思静没有过多考虑，第一个报名。

前往灾区后，她和全体救灾人员同吃同住，共同奋战。她冒着生命危险搭乘一条小木船往返周围的每一个村庄。有一个村由于水源污染而发生了疫情，需要送去急救药品，为了掌握真实的第一手资料，报道好这一新闻，她主动随船连夜前往灾区。不幸的是，由于风狂雨大，小船在中途翻了，白思静因为不通水性而被淹死，年仅32岁。

觉察的给予型人格的人留给人们的印象往往是美好的，他们有无私奉献的人格力量。

从心里对自己的信任和依赖

给予型人格的人认为，生活中应该有比事业和成就更重要的东西，比获得的财富以及事业的成功更值得珍惜的东西，那就是从心里对自己的信任和依赖。这种依赖感会使他们欣慰，会使他们满足。

具有给予型人格的张先生对我说："我觉得很有成就感，心里很踏实，因为我用自己的努力赢得了大家对我的赞赏和依赖。以后我还要加倍努力，争取为全厂每一位员工谋取更多的利益。"

40岁的张先生是一个街道铁工厂的副厂长，全厂一共有50多名工人，靠生产小件铸铁产品维持支出。厂长是年纪比他小两岁的退伍军人，为人比较单纯，没有妒忌心，几次想将厂长的位置让给他，他都没有接受。

这个街道工厂的产品主要是家庭取暖用的炉盖和炉圈等炉具。

这在当时的计划经济时代是不愁销路的，工人也不担心领不到工资。改革开放的到来使得个体经济如雨后春笋般地到处涌现，小型私人工厂遍及每个乡镇，工艺相对简单的铸铁炉具理所当然地就成了这些小型工厂的主要生产对象。由于生产成本低，所以售价低廉，在市场上占有明显的优势，这也使得张先生所在街道工厂的炉具都难以售出。从厂长到门卫的 50 多名职工陷入即将失业的境地。

张先生准确捕捉到了他人的感受，况且他也处在这种岌岌可危的境遇中。工厂的安危决定他的个人利益。他觉得自己身为副厂长，对工厂面临的困难决不能无所作为，要通过努力让厂长和职工看到自己的才干和能力。针对这种现状，他进行了广泛的市场调查，他认为，像他们这样的小工厂，如果挂靠在大企业身上，为较大的企业生产零部件，一定是一个出路。他把自己的想法告诉厂长后，厂长同意了。

他通过朋友的关系与省城里一家水泵厂取得了联系。水泵厂领导调查了他们厂的技术条件后，让他们为其试制几个水泵泵壳作为样品，如果合格，就与他们签订长期的生产合同。全厂职工听说后，无不精神振奋，全都表示一定要发挥出自己的最高技能，把要求的这几个泵壳样品做到最好，以便经得起检测。

在张先生的带领下，工人们按照图纸一丝不苟地制作。产品出来后，每个人的脸上都绽放出喜悦，同时也满怀期待。最后，他们的努力成功了。水泵厂与他们签订了生产合同，工厂马上起死回生。厂长和工人都感谢张先生的努力。他觉得很兴奋，很有成就感，为自己给全厂办了一件大好事感到高兴。他自己觉得更为高兴的是，他能够独立行事，并且成了全厂人的依靠。

给予型人格的人认为自己是独立的，是有眼光和智慧的，是能让别人依赖的。事实上，并不完全如此。他们也在依赖着别人，不光在寻求他人的赞许，而且总是在寻求自己对自己的认同感。

实际上，张先生不接受厂长的让贤去当一把手，并不是因为他的谦虚，更不是因为自己责任感不强，而是担心得不到大多数人的拥护和认可。

对于张先生来说，他自己也不是完全独立的，他在每做一件事，每前进一步的时候，都在考虑着别人对自己的看法。假如事情成功了，他的心中自然而然地感到骄傲，有一种成就感。

一些给予型人格的人往往在别人的注目下才能感觉到自我。当他们获得了人们的注意时，才能够注意到自己的价值。他们对自己的感觉是通过外界对他们的反馈得到的。具有给予型人格的人很少承认自己有依赖感以及不独立。然而，每当你把他的人格特征和外在表现给他讲清楚，他会恍然大悟，认识到这一点。

骄傲感是给予型人格的人前进的动力。这种动力驱使着他们把每件事情都做得更加完美。他们这样做并非基于简单的道德和责任，而是他们在心里认为，做事情本就应该采取这样的态度。

把自己所要认识的人理想化

骄傲驱动着给予型人格的人不断努力。与此同时，骄傲也使得给予型人格的人对事业、感情有多种选择。这种选择性往往受到感情世界的影响，所以，他们常常倾向于把自己所要认识的人理想化。

人的感情世界究竟是怎样的呢？它是由情绪和情感构成的统一

整体。在心理学的范畴，情绪和情感这两个词往往是通用的，只是在某些场合才有些微差异。情绪和情感源于人们对事物的态度的体验，是人们的需要得到与否的体现。人们在工作、生活中，在与自然、社会的接触过程中，必然遇到或发现各种各样的对象和现象，必然遇到得失、顺逆、美丑、荣辱等情境，因此，便会发生高兴与喜悦、爱慕与钦佩、悲伤与忧虑、气愤与爱憎等内心体验，这些就是人的感情世界。

不同人格类型的人对于同一个人和同一个事物有着不同的认识和表现，这也决定了一个人对人对物是选择还是放弃。

给予型人格的人总是主动地让自己的情绪和情感表现在积极的体验上，尽可能让外界事物符合自己的需要，愿意产生肯定的态度，从而期盼引起满意、愉快、喜爱、羡慕等积极的内心体验。就因为如此，他们往往把所要认识的人理想化，人为地把选定的对象套上迷人的光环。

一位给予型人格的女副局长对我倾诉："我已经步入中年，孩子也上了高中，家庭生活本应变得轻松起来。可我发现，轻松对我来讲仅仅是一厢情愿，丈夫老是搅得我心神不宁。尤其近几年更为厉害。我自己好郁闷，又不知如何处理才好。你问我是否还爱他，我说不清现在对他是爱、是恨、还是无奈。

我和他是大学同学，他首先向我示好，主动追求我。我心目中的对象不是他那种人，他的相貌也没有我期待的那样英俊，身材也不尽如人意，但是，他在我的感情世界里捷足先登了，他的热情就像灌满了磁性的铁，把我这块小'金属'完全吸引住了。虽然那时我就发现了他没有气量，只要我与男同学讲话勤了些，他便表现出不悦，有时甚至公然对我发脾气。但我当时觉得爱情是自私的，他真心地爱我，怕失去我，所以才对我有那种表现。我错误地原谅了他，也没有把他这种小心眼儿看作是缺点，而且还更加珍视这份感情。

我和他结婚后在同一个单位工作，我们经常举办舞会和各种名目的联欢会，有时候我在他的面前与其他男人跳舞，他虽然心中不悦，却没有阻拦过。后来我当上了科长，他还是普通职员，不知心里产生落差还是臆造出家庭危机感，他回家后警告我不许再与其他男人跳舞。我不情愿地接受了。后来，我又被提升为副局长。由于职位上去了，外面的应酬也多了，丈夫给我的条条框框也多了，我变得更加忧愁，丈夫简直成了我精神上的包袱。

我更难以忍受的是，曾经有一次我陪省城来的领导就餐，时间长了些，超过了他规定的不准超过晚9点。他竟然不顾面子闯进餐厅，声称家中有急事需要我回去，闹得全场一片尴尬。之后，他更变本加厉了，几次还气愤地把我带到家中进行殴打。

我真后悔当初怎么就选择了他。我现在还没有下定与他离婚的决心，怕别人说我嫌弃他职务卑微，给自己名声带来影响。"

给予型人格的人常常主动把选择的对象套上迷人的光环，使自己产生错觉，导致酿成终身遗恨，往往还有一种谄媚的心理。这种谄媚可能不是有意恭维别人，而是为了让别人认为自己不错，有较大的潜力，从而得到别人的支持。这种性格类型的人不管是在公开的场合还是私底下，都很容易去赞美和迎合别人，并尽可能地满足对方的需要。

给予型人格的人往往善于发现别人的才能，对自己的才能却难以发觉并加以发扬。

给予者的自我测试

你是否是给予者：

1. 帮助别人是我快乐的源泉。

2. 面对求助，我会很容易伸出援手。

3. 我很重视友情。

4. 我扮演着付出同情、提供忠告和意见的角色。

5. 我认为关怀非常重要。

6. 我习惯付出多于收获。

7. 我喜欢赞美别人。

8. 他人的需要重于我的需要。

9. 我待人热情而有耐性。

10. 很多人都喜欢找我谈他们自己的心事。

11. 总觉得一天的时间不够分配，有那么多计划该做的事，却又心有余而力不足。

12. 本性善良，乐于助人，所以人缘很好，朋友很多。

13. 有时我觉得我是不可缺少的一个人，善于帮助他人成功。

14. 不能帮助别人会让我觉得很痛苦。

15. 我用赞美的话语肯定别人，同时让他们知道他们十分重要。

16. 当发现别人有需要时，如果自己不立刻采取帮助会自责和有罪恶感。

17. 交谈时，我会尽量保持眼神接触和仔细聆听。

18. 当我付出时，别人若不欣然接纳，我就会有挫折感。

19. 当我有困难时，我会试着不让他人知道。

20. 当我与别人在一起时，我很难说出自己的需要。

21. 有时有的人让我生气，因为他们不了解我的善意，这时我会伤心难过。

22. 我不会公开发脾气，但经常以小手段达到目的。

23. 当我被疏忽及忽视时，我会以巧妙及隐晦的方法惩罚对方。

24. 很多时候我会有强烈的寂寞感。

25. 有时也很想自我满足一下，但马上就会反省是不是自己太自私了。

26. 我表达我的爱给身边的朋友，是坦然而不害羞的。

27. 我享受浪漫，所以我常制造浪漫的气氛。

28. 我是一个很努力去帮助他人，把自己的爱完全奉献的人。

29. 帮助别人获得快乐和成功是我最大的成就。

30. 当帮助别人后，我是很盼望回报的，即使是一个感激的眼神也好。

如果你同意以上的陈述，那么，你就是一个给予者。

第三章　实践型人格

求得成就的过程中，不拘泥于细节

案例：

曾京是河北省有名的乡镇企业家。他出生在农村，由于家境贫寒，他从小就养成了不停工作的习惯。他清晨起床到山上打一捆猪草，然后去上学。放学后做完作业，又到山上去挖防风、远志等中药材。他一天的时间安排得很紧，几乎没有空闲。

初中一毕业，为减轻父母的负担，曾京决心靠自己养活自己，回家种起了庄稼，过起了普通农民的生活，每天也就更加忙碌。

那时候处于集体经济时期，他和父亲在生产队勤勤恳恳地种了两年地，每年分得的粮食和钱连一家五口的温饱问题都解决不了。他慢慢发现，农民光靠种庄稼永远也摆脱不了困境。于是，他决定去当工人。

为了实现他的愿望，父亲托人把他安排到了公社所在地的铁工厂当学徒，那年他12岁。打铁是非常累的活，起早贪黑跟着师傅抡着大铁锤，一天到晚大汗淋漓，每月才能挣到12元钱，可是他却很满足，觉得自己有了摆脱贫困的希望。

命运往往总是跟自己的愿望唱对台戏，曾京刚刚学成师满，就要提升工资时，遇上国家三年经济困难，企业和机关精简人员，他家在农村，自然被"下放"回家了。曾京从来不认为那次是失败，他说没有那次，他对工厂就不可能产生那么浓厚的兴趣，没有那次，他就没有对铁工技术的初次体验。

三年的铁工厂学徒生活使曾京对机械农具非常熟悉，也使他对机械设备产生了一种特殊的情感。当时，他们整个村子没有一台磨米机，都吃着原始的由石碾石磨研磨出来的米和面。他产生了办米面加工厂的想法。他的想法立即得到了队长的同意，但是，生产队没有钱很难促成此事。他又找亲戚好友们商量，大家也很支持他的想法，便合计着凑钱买机器，由曾京管理和使用，挣钱大家分。在大家的努力下，总算凑足了钱，买来一台磨米机，一个不挂牌子的磨米厂就算开张了。

当时是大搞人民公社化时期，禁止私营企业，曾京的一台机器的小磨米厂被上级说成是"黑工厂"，勒令关闭。后来，生产队长想出了一个两全其美的主意，就说是生产队的，于是，机器又开始转动了。

改革开放后，私营企业遍地开花，曾京学徒时的那个铁工厂在激烈的竞争中奄奄一息。总想做事的他又把目光瞄向了那里。他找到主管这个工厂的县二轻管理局局长，讲明了自己想承包的想法，并阐述了自己的经营策略，局长很满意。又经过与有关人员对各种事项进行磋商，如资产管理、承包金额、缴纳办法、双方责任等等，都一一达成了共识，便签订了"承包合同"。

曾京这类实践型的人从来不愿做没有把握的事情，虽然不是把每件事都想得非常充分，却也不打无把握之仗。他接手的这个铁工厂很小，只有一个锻工车间和一个翻砂车间。翻砂车间自建成后只生产了两个月就因故搁置起来，一放就是几年。锻工车间主要生产简单的铁农具，与曾京在生产队办的铁匠铺差不多。他之所以承包这个烂摊子，是因为他看中了工厂的设备和工人们的技术。

由于已经停产一年多，车间内的设备、设施摆放得极其混乱，加之放假的工人都得重新一一往回组织，经过近半个月的时间才算把这个工厂恢复出一点眉目。他一边组织工人做恢复生产的准备工作，一边到城里打探信息。他认为，这个厂原来生产的简单农具不能放弃，但仅靠这种作坊式的生产永远没有前途，必须利用现有的设备能力生产出较大宗的定型产品，才能占领更广阔的市场。

他到省城和邻省的几个大城市转了转。他转的是五金电料市场和农机具市场。他对木工刨床、电锤、电钻、铆枪等产生了兴趣，每样买回一台，作为见习样品。他又到生产相关产品的厂家暗中探访，寻找自己所急需的技术人才。经过几番周折，终于聘请来一位退休的工程师和两位退休的八级技术工人。本厂工人技术力量薄弱，工程师便给工人们讲技术课，八级技术工人就手把手地教。很快，工人们基本掌握了生产木工刨床的基本技能。

在大家的齐心努力下，第一台木工刨床生产出来了，全厂上下无不欢欣鼓舞。经过实验，性能基本符合设计标准。于是，他们开始正式生产。曾京把产品印上工厂字号，送到县五金公司摆在商店里出售。没想到的是，消费者见是本县农村工厂生产的，怕质量不可靠，无人问津。

面对产品销路不畅，厂内一些人失去了信心。曾京也感到了为难。但是，实践型人格的人遇到为难的事情不是退缩，而是绕开畏难的情绪，继续前行，他们怕为难情绪削弱了自己奔向远大目标的意志。曾京也绝不例外。他到工商局把厂名更改为"XX 县通用机械厂"。远来的和尚好念经，他又把刨床运到邻省的一些中小城市，把价格定到了最低限。施行了这些招法后，立即见效，每月可以销售20 台之多。接着，他又组织工人生产电锤、电钻、充气泵等，整天处在忙碌中，却觉不出疲倦。

从曾京的身上我们可以看到，实践型人格的人头脑里尽是多重任务，心中绝不放弃一个目标，并在必要时给每个目标应有的注意力。

实践型人格的人看重的是成就，在求得成就的过程中，不会拘泥于细节。假如偶尔利用投机取巧的方式使事情办好，他们并不会为那种投机取巧的方式感到自责。

处处表现出竞争性

由于实践型人格的人把胜利作为自己的第一需要，所以处处表现出竞争性。他们的这种竞争意识从内心里来讲是没有对手的，只认为是在迎接一种挑战。当自己的成功使得别人面临失败时，他们认为他们并没有击败别人的意图。

案例：

小念是一名初中一年级的学生，她的数学成绩很好，班主任认为她的潜力要超过本班的其他同学，于是让她参加学校组织的数学竞赛，并鼓励她如果取得好成绩，再参加区里乃至市里的数学竞赛。小念点头应允。

小念的目标是取得全校第一名的成绩。除了上课时认真听老师的讲解，她还利用周六和周日的休息时间到书店购买复习资料，到图书馆阅读有关数学解题技巧的书籍。她每天夜晚很少看电视，吃完饭后马上进入自己的房间，对难点的数学题一道道进行解析和验算，不弄透绝不罢休。

功夫不负有心人，数学竞赛结束，她获得了第一名的成绩。她兴奋极了，高兴得又蹦又跳，欢呼自己的胜利。当她看到在自己欢呼的同时，上届那个获得第一名，这次获得第二名的同学却垂头丧气地躲在同学们的背后的时候，她感到有些意外。

小念说："直到现在我才弄明白，我夺得第一名，是理所当然的胜利者，上届的第一名必然给我让位，毫无疑问他成了失败者。可是，我争夺第一，并没有把他作为对手，在内心里是和自己在竞争，一次次参加竞赛都是在向自己挑战。"小念看到了失败者的颓丧，也曾为他痛心，但是，绝没因此而放弃自己的下一个"全区第一名"的目标，尽管还要为另一个竞争者制造痛苦。

需要说明的是，实践型人格的人不愿意冒险，所以也很少冒险。因为他们惧怕失败，唯恐冒险换来失败的结局。假如他们真的失败了，且不是通过冒险而失败的，也会认为：我取得了部分的成功。或者认为：我获得了一个很好的经验。接着，他们就会展开下一个行动方案，永远不会停歇。

把自己的形象看得极为重要

实践型人格的人常常这样解释成功：受到赞同者的喜爱。有了这种认识的人，必然把自己的形象看得极为重要。为了使自己得到赞同者的喜爱，首先需弄清赞同者喜爱什么。当他们弄清赞同者喜爱什么后，就会不自觉地改变自己的形象。

案例1：

24岁的谢正亮毕业于师范院校的美术专业，由于他不喜欢从事教育工作，因此拒绝了学校的分配，毕业两年后才到广播电台当记者。

当记者需要经常与领导层接触，尤其中国的记者，参加会议的时间更多，许多新闻单位都指定一些人专门采访会议。谢正亮就被电台安排为会议记者。

在谢正亮工作前，他梳一头披肩长发，经常骑着一辆高座卸去货架的黑色自行车，斜挎着一个黄色的大画夹，打着口哨，穿过政府门前大街去一个公园写生。他到广播电台后，这种打扮只存留了几天，就以一个崭新的面貌出现了：披肩长发变成了略盖耳轮、稍接脖颈的微长发，自行车安上了货架，大画夹变成了一个深灰色的新闻采访包，口中也不再打着口哨，而是轻声哼着流行歌曲。

谢正亮发现同事们并不怎么遵守电台内部的作息时间，只是对各种会议的时间把握得很准，领导通知几时几分到场，绝不会耽搁事。他采访完回来就写稿子，稿子写完就默默看书。有时竟悄悄溜走，直到下班时间也难见他的踪影。

平时和同事聊天中，他对人和事很少发表见解，废话从来不说半句。但是据他的同学介绍，他以前绝对不是这样的性格，大学读书时，如果不让他随意发表见解，不让他对一些人和事进行评论，就会比挨打还难受。

谢正亮写出的新闻稿除交给电台公开广播外，还挑重点稿件寄给有关报纸。他很有才气，文稿写得也很受读者喜爱，领导对他非常满意。不久，他就被调到了市委组织部当了国家公务员。到了机关后，没有多长时间，又仿佛换了个人：在办公室里办公或下到基层检查工作，总是西装革履，端庄严肃，文质彬彬，侃侃而谈。少了以往不拘小节的行走坐卧，不见了拖泥带水的工作作风，俨然一个训练有素的在机关工作多年的文职官员。

凭借这种适应环境的能耐，谢正亮两年后便担任科长，第四年就被擢升为副部长。

谢正亮是个典型的实践型人格的人，从他的身上我们可以看到，他们对别人需要什么有敏锐的洞察力。有人说这种人就像一条变色龙，能够按照自己所处环境改变颜色，用以适应外界需要和自我生存。

实践型人格的人能够在瞬间改变肢体做派和语言风格，会配合任何场合来装扮自己。这是一个细腻的过程，与他们接触的人通常难以察觉，而实践型的人自己也可能不会意识到自己的作为。

实践型的人时常不去碰触自己的感觉，这不是说他们没有情绪，是因为他们总是把工作时间表安排得很紧，使自己和感觉难以联系。他们不去碰触感觉，不让自己的情绪影响自己的行为，这显然不是自己的有意安排，而是他们人格力量的推动，但是，他们一旦在空闲的时候对自我有意地进行感觉，又会生成一种恐惧，生怕自己的情绪影响自己的形象。

案例2：

曾经有一位中年女性对我说："我在公司为工会工作，您可别小瞧了工会，那可是个事情极多的地方，象棋比赛、歌咏比赛、劳模评选、慰问离退休干部工人，一天忙得我们团团转，明天是星期六，天不亮还要赶到公司，有一个先进班组代表的旅游活动需要我带队。

说起家庭，我真的很少顾及。一次，我的女儿问我：妈，你整天这么忙都有什么感觉？我想了想，什么也没有答出来，因为我的确没有什么感觉。"

也有些实践型的人，他们不想向外界暴露自己的感觉，怕因为自己的感觉而影响了正在完成的任务。

刚才谈到，实践型的人有着变色龙的本领，特别在服务行业里，这种类型的人表现得更为得体，可以让人适时地产生宾至如归的感觉。当他们有时间或者有意自我探索时，真的发现了自己还会这种伎俩，会吓出一身冷汗。

我经过几年时间的考察验证，认为未觉察的实践型人格的人往往轻蔑而傲慢，在为达到目的的奋争过程中显得积极而干练，他们的心境可谓野心勃勃。

觉察了的实践型人格的人可成为社会意识的领导者，具有调动人们同心干一项事业的操控能力，他们的热情和信心会使同行者们增添取得成功的决心，他们在人群中会享有很好的威望。

永远存在于努力之中

安全实践型人格的人在追求成功的过程中似乎永远都不满足。此事成功了，还有彼事需要做。当然，彼事也是在他们自己的安排下产生的。他们总是不满足于已取得的成绩，似乎永远存在于努力之中。

有些人虽然创造了很可观的物质基础，但是他们始终有不安全感的心理，唯恐有一天突然失去财富而成为穷光蛋。

案例1：

张先生出身贫寒，念小学一年级时，父亲因车祸失去了右腿，母亲在一家小商店当营业员，收入微薄，他们家庭生活很是艰难。

张先生高中毕业后，找不到工作，就在各处做临时工。改革开放开始了，这是一个挣钱的好机会，张先生不失时机开了一家饭馆。三年下来，就赚了20多万元。张先生用这笔钱又开了一家百货商店，生意也非常红火。之后他又搞起了批发，经济收入就更加可观了。

如今，有人说张先生是百万富翁，他不否认，可张先生总也体会不了富人的心理，时刻在提心吊胆，生怕哪一天这些财富会突然消失，又一贫如洗。因此，张先生仍然加倍地努力挣钱。

这样说，有人可能不相信，可是，张先生的的确确是这样的，内心一直有着这样的冲动。

专注于谋生的实践型人格的人把自己在团体中的地位看得很重要。他们往往把奋斗的目标锁定在荣誉上。

如果成为某协会的会员，被某群众组织推举为该组织委员会的委员，他们会感到非常兴奋和骄傲，如果成了该组织的核心人物，那种喜悦心情就更加难以抑制，今后的工作也就愈加勤奋和注重实效。甚至由于某一事项被某媒体肯定并加以宣传，更能使他们的虚荣心得到满足，焕发出对工作的无比热情。

案例2：

郝女士做个体美容美发生意已经有7年了，与别人不同的是，她的集体主义观念和荣誉感非常强，她说："我做这一行，并不单纯是为了挣钱，更觉得社会地位和影响比金钱还重要。"

她的美容美发技术是专程到上海参加专业培训班学来的。结业后，郝女士又在上海打工了两年，直至认为自己的技术完全达到了独立开店的水平才回到家乡。

郝女士开店的第一个想法，就是想在他们的那个城市的美容美发界占有一席之地，使更多的人知道她的名字。

因此，她开业后采取的第一个行动是：连续一个月时间在电视台做字幕广告。目的是让她的店名连同自己的名字被大多数人所知晓。

因为实践型人格的人专注于事业的成功，所以力求高质量做好每一件事，她自然对员工要求特别苛刻。在严格的管理下，无论服务质量还是美容美发的技术质量，都得到了顾客广泛的认可。

为了进一步扩大社会影响，郝女士又开办了"美容美发培训班"，宣布为下岗女工免费培训。这一举动立即引起了轰动，电视台、报社的记者前来采访，团市委、市妇联的领导也前来了解情况，并给予鼓励，肯定她对下岗职工再就业工作的贡献。不久，市个体劳动者协会改选，她又被选为常务理事。这一切使她无比激动，觉得自己在社会上有了地位。

郝女士说："最重要的是我受到了尊重，不但出了名，而且走在路上和在一些公共场合，总是有人友善地与我打招呼。"

实践者的自我测试

你是否是实践者：

1. 我常害怕别人利用我。
2. 我习惯推销自己，从不觉得难为情。

3. 我是一个天生的推销员，说服别人对我来说是一件很容易的事。

4. 我做事会找捷径，模仿能力也很强。

5. 我是一个做事很讲效率的人，有时会牺牲完美的原则，所以我总争取时间、空间使自己成功。

6. 只要我愿意做的事，我一定做得很好。

7. 我很少看到别人的功劳和好处。

8. 我忌妒心强，喜欢与别人比较。

9. 别人会经常说我戴着面具做人。

10. 我时常可以保持兴奋的状态。

11. 我喜欢告诉别人我所做的事和所知道的所有。

12. 我喜欢听赞美的话。

13. 我常赞赏自己，对自己的能力十分有信心。

14. 我总是在别人面前表现我的乐观、积极和进取。

15. 在公共场合，我喜欢当主角，成为大家的焦点。

16. 我不喜欢依赖他人，就算是比较亲近的人，因为依赖容易受到伤害；但我很会利用别人来表现自己。

17. 我不喜欢跟别人太过亲密，担心别人发现我的弱点。

18. 我性格外向，精力充沛，喜欢不断追求小小的成就，自我感觉非常好。

19. 为了保持和谐的关系，我很会认同别人，所以我很讨人喜欢。

20. 为了追求新东西，我会马不停蹄地前进，别人说我好高骛远，我觉得那正是我的本事。

21. 生命中如果没有了目标，那活得实在没什么意义，要想办法追寻。

22. 如果每天无所事事，我会讨厌自己，觉得自己面目可憎。

23. 我很有眼光，会选人来帮助自己，但我讨厌被别人利用。

24. 我喜欢别人夸奖我，我最满足的是鲜花和掌声。

25. 表面形象对我来说太重要了，我常用外表的装饰盖住自己的真实情感。

26. 我的外表亮丽，我也积极乐观，但一停下脚步，内心深处也有悲观、无望的时候。

27. 有时候真怕别人比自己行，所以拼命上进，好像我的疑心病也很重。

28. 为了博人好感，常常表现出对别人很关心也很有兴趣的样子。

如果你同意以上的陈述，无疑你与实践者相去不远。

第四章　浪漫型人格

醉心和渴望于自己营造的神奇图景

浪漫者的人生充满着奇遇、幻想、热情和令人伤感的故事。在他们看来，没有激情、缺乏想象、精于细算、深思熟虑、安分守己的人，都不可能有浪漫的人生。

浪漫的人生是一种激情的燃烧。对于自己所钟爱的人和事，对于自己所向往的奇幻境界，对于自己所营造的神奇图景，常使他们醉心和渴望，甘愿把自己的全部生命都投入进去，任其自我燃烧，任其生命在燃烧中辗转反侧，备受煎熬，不在乎倾其所有，甚至生命。

浪漫本身就是一曲慷慨激昂的乐章，它最大的特点就是可以将感情毫无保留地奉献，这是测试真假浪漫的试金石。因为这个世界上确实存在着各种各样浪漫的假象，冒充崇高到处招摇撞骗，心怀鬼胎还要海誓山盟，斤斤计较还要故作坦荡。

是否浪漫，关键取决于主观气质和情态。有浪漫气质，自然就会有奇遇，有跌宕起伏、精彩绝伦的人生故事。因为浪漫者自己就是这奇遇的主角、跌宕的制造者、精彩故事的作者。

我们觉得一个人活得浪漫，并不是由于他遇到的人和事都很独特，而是由于他有激情，有魄力，想爱就爱得死去活来，不管对方在天涯海角，更不在乎爱的路有多么漫长、艰辛、曲折，只是牢牢地把握着自己的方向，绝不放弃。

所以，浪漫的人生是不规则的，不合乎一般标准的人生。它可能是一簇疯长的常春藤，一道飞扬的瀑布，一弯林中的水，激情高涨就会找到墙垣而拼命攀缘，就会遇到悬壁而飞流直下，就会因狂风暴雨而四处横溢。精彩的故事往往就产生于这种无规则的骚动与追求之中。

浪漫者情绪起伏不定。喜的时候，神采飞扬，忘乎所以，是美的极致，爱的高峰；悲的时候，则垂头丧气，万念俱灰，是绝望的深渊，痛苦的底层。受不了这份绝望和痛苦折磨的人，最好不要有浪漫的人生。浪漫者并不认为自己情绪化，因为他觉得自己情绪的变化是有原因的。有时浪漫者表面平静，其实他内心早已波澜起伏了。浪漫者也喜欢享受痛苦，表情经常是忧郁的。

通常来说，浪漫者大都是个人主义者。这里的个人主义不是自私自利的意思，而是凡事从个人感受出发，将感受放在第一位。浪漫者如果感受到好的一面，表现就很好；如果感受到不好的一面，表现就不好。

浪漫者最讨厌的就是平淡和平凡。平静的大海和波澜壮阔的大海，浪漫者往往更喜欢后者。

浪漫者喜欢独特的经历，没有经历过的事情他都想体验一番。有一个成功的浪漫型企业家曾跑到一个没人认识的陌生城市，当了几天的乞丐，只是想体验一下乞丐那种流浪、漂泊的感觉。

浪漫者喜欢研究人的心理。如果你理解他，懂他，他就会觉得跟你有默契。浪漫者也喜欢幻想，假如你和浪漫者聊天，你会发现，不一会儿他的思绪就处在游移的状态，可能早已飞到了远方。浪漫者的美感很好，会用很美的事物来表达自己的感情。从外地出差回来，浪漫者会带很多漂亮的小礼物送给朋友。这些小东西我们平时都不太关注，就算看到了也不会买，因为我们感觉不到它们的美。可当浪漫者送给我们时，我们再重新审视这些平凡无奇的小东西，可能会觉得它们非常美，非常可爱。

大多数浪漫者是内向的，他们内心受到伤害后，一般是不会找人倾诉，而是躲在角落里自我疗伤。假如浪漫者某天对你说："我离婚了。"你询问什么时候，浪漫者可能会说："三年前。"这时，你千万不要惊讶，因为浪漫者找人倾诉自己内心的伤痛，往往是经过了很长一段时间的自我疗伤之后。

困境中的浪漫者喜欢自我封闭。一般表现为两种形式：一种是失踪，他把手机一关，谁也不能找到他；一种是把心封上，一旦情感受伤，就会把心锁上，再也不打开心扉与人交往了。

困境中的浪漫者会表现得非常抑郁，可能有吸烟、酗酒等自我伤害的行为；也可能会有一些破坏人际关系的行为，比如打电话给朋友，无缘无故把朋友骂一通。困境中的浪漫者总是从多角度看事物，内心的感受太丰富，因此很容易产生无助无望的感觉。他人很难把困境中的浪漫者拯救出来，浪漫者自己也不会自救，因为他喜欢享受痛苦的感觉，喜欢沉浸在痛苦中，快乐的生活会让浪漫者觉得不真实。浪漫者会说："我痛故我在！"浪漫者在日常生活中喜欢扮演受害者的角色。看到街头的流浪狗，他可能会说："好惨啊，我就像它一样，心和身体都在流浪。"人们很难理解他的这一点，他自己也无法解释。浪漫者渴望一个拯救者，即一个不用言语就能明白他的人、一个凭眼神就能与他交流的人。不仅如此，逆境中的浪漫者喜欢忌妒，常觉得恋人不爱自己，而仍然喜欢学生时代的初恋。

困境中的浪漫者的情绪更是不稳定，他们总认为自己是最有感受力、最有品位的，内心世界也是最丰富的人，所以什么都无所谓，因而经常扮酷，有时还会蔑视周围的人。浪漫者害怕自己被遗弃，害怕失去爱，害怕找不到真实的自我，他们一生都在寻找一个懂他们的人，所以浪漫者对感情经常若即若离。如果想追求浪漫者，那你可以对他也若即若离。比如，你第一天约浪漫者吃饭，第二天约浪漫者看电影，第三天接浪漫者下班，第四天和第五天按兵不动，第六天深夜两点，你给浪漫者打电话，说："我觉得你不太喜欢我，要不咱们分手吧。"然后"啪"的一声把电话挂掉。这时浪漫者肯定就有反应了："我挺有感觉了。"浪漫者想依赖你，又怕依赖你，这才会对你表现得若即若离。

浪漫者喜欢自由自在的工作，而不喜欢做重复性的工作；喜欢独自一人工作，而不喜欢跟大家一起工作。一些朝九晚五的工作，浪漫者是受不了的，他会像失去水分的鲜花一样慢慢枯萎。浪漫意味着一种对传统、对常规的蔑视和反抗，它最不喜欢循规蹈矩。激情所到之处，像一道闪电，没有什么力量可以阻挡。它是爆发式的，跳跃性的，无可遮蔽和无可隐瞒的，更是不顾一切的。

浪漫者时常觉得自己与众不同，是不平凡和独特的，他们害怕自己随波逐流。而不随波逐流，不落俗套，这样注定只能被少数人欣赏。

在一个大型企业中，领导者往往是一个充满活力的人。他有远见、富有创造性和智慧，他的领导方式是命令式的。在构思出主意后，他命令下属们：你这样做这个，他那样做那个。发布完命令后，就宣布会议结束，大家分头去执行，不会给大家反馈的机会。然而，他的指示并不总是万无一失、无可挑剔的。下属们看到了决策的不足，也没有人反映给他。大家在背后这样说："让他弄去吧，这个主意不会带来什么好结果，反正是他的企业，他是企业的领导。"抱怨完后，增加了对领导者的不满，减少了对企业的归属感，但是没有办法，还是要在这个企业供职。其中只有一个人例外，当大家抱怨的时候，他给以适当的解释，领导者给他的任务他会加上自己的分析去完成。

结果有一次，领导者在发布完命令之后。把目光投向他，问道："你说这样可以吗？"

员工们的目光惊讶地看着他，为什么他会得到领导这样的重视呢？他站起来，肯定了领导者决策的优势方面，提出了自己的补充看法。再以后没有该人的评价，决策就不确定。最后，这个人被提拔为总经理助理。

这个被提拔的人就是不随波逐流的人。

他们不随波逐流，在力所能及的范围内努力改变小环境。他们认为，不负责任地推卸、抱怨、牢骚，而自己又不做任何努力去改变，等同于平庸。

不为潮流所动是一种精神本色，也是一种做人方法。这要求一个人既要有坚定的自我立场，又要有清晰的做人思路，这样才能有真正"自我"的生活格调。

《肖申克的救赎》算得上是非常使人震撼的一部电影。夸张地讲，它甚至像一部传奇人物的传记片，因为将人物置身于监狱这一特定的环境中，从而最大限度地体现出了人物的精神，即：随遇而安，但不会随波逐流。

　　年轻的银行家安迪因被判决谋杀自己的妻子罪名成立，被送往肖申克监狱终身监禁。这是一所看起来非常黑暗的监狱，就在安迪跟其他人入狱的当晚，一个新入囚牢的胖子因为不停地辩白被狱警活活打死。而道貌岸然的典狱长不但打着"改革"的旗号利用罪犯做苦役达到名利双收的目的，甚至为了维护自己的利益滥杀无辜。在这样的环境里，多数人——包括成为安迪好友的瑞德在内，选择的都是顺从，被"制度化"，乃至后来会依赖这种"制度化"，心甘情愿地放弃自己的希望和理想。但安迪却不是这样，他的身上有既来之，则安之的泰然，同时，更有心明知，便欲改之的执着。他相信："我是无辜的，所以我不该待在这里。"正如瑞德说的那句话：有的鸟是不会被关注的，因为它们的羽毛太美丽了！对于安迪而言，他美丽的羽毛就是他的信念、执着、智慧与才华。在瑞德看来至少要六百年才能挖出的逃亡通道，安迪二十年就完成了，换言之，这个外表看似懦弱的人，内心却有着他人无法想象的坚定——他从入狱第一天开始就决定一定要离开这里，并用了整整二十年来完成这个目标。而更多的人在这二十年里做的是什么呢？习惯，并成自然。正如瑞德所说："刚入狱的时候，你痛恨周围的高墙，慢慢地，你习惯生活在其中。最终你会发现自己不得不依靠它而生存。"随遇而安，但绝不随波逐流，这就是安迪的人生信条。

　　试想，如果抛开越狱的因素，这部影片何尝不是在探讨一种生活的态度，一种做人的准则呢？当你面临被"制度化"的时候，你该怎样选择？是顺从于改变还是坚持自己的方向？套用影片中的台词：是忙着活着，还是赶着去死。

　　卡耐基曾问索凡石油公司的人事部主任肯鲍·迈克，来求职的人常犯的最大错误是什么。他回答卡耐基："来求职的人所犯的最大错误就是不保持本色，他们不以真面目示人，不能完全地坦诚，却给你一些他以为你想要的回答。可是这个做法一点用都没有，因为没有人要伪君子，也从来没有人愿意收假钞票。"

要明白，我们每个人的个性、形象、人格都有着不同的特色。

在个人成功的经验之中，保持自我的本色及用自我创造性去赢得一个新天地，是一件很有意义的事情。因为，你是这个世界上唯一的你，你应该为这一点而庆幸，应该尽量利用大自然所赋予你的一切。归根结底说起来，你只能唱你自己的歌，你只能画你自己的画，你只能做一个由你的经验、你的环境和你的家庭所造就的你。不论好与坏，你都得自己创造一个自己的花园；不论是好是坏，你都得在生命的交响乐中，演奏你自己的乐器；不论是好是坏，你都得在沙漠上辨清楚方向，找到生命的绿洲。

别人的，哪怕是已经形成潮流的东西，对你来说也是毫无用处的，盲目的跟随它们只会使自己失去自我。当然，顺应潮流也许在短期内会有所益处，但从长远看，还是要遵从自己内心的声音。

最终极的理想主义者

浪漫型人格的人也可以称为最终极的理想主义者。他们似乎拒绝现世的一切，乐于活在边缘。因极端情绪和行动的吸引，在人生的所有层面追求不寻常和具有艺术性且含意深远的事情。

他们表现得外向而活跃，即使是其中的一部分保守者，也会在某些方面展现出特殊性，用来吸引别人的注意。对于他们，别人可能会报以羡慕，有时又会不理解。例如，他们有高度的创造力和丰富的想象力，他们对人的出生、死亡、苦难折磨、幸福享受的源泉的探索非常热望，他们认为内心深处的感觉极具价值和真实性。很多其他类型的人对于他们的这种心理反应就感到疑惑，不理解他们为什么那么热衷于"病态"的幻想。

其实，他们具有超过其他类型人的美感的洞察力，通常以穿着和环境表达他们的独特性，处处都流露出对美的追求。

他们的表现往往又会被人看作是过分的情绪化。

案例：

蒋孝梅女士是位退休的小学教员，也是公园里交谊舞和健身操的主要组织者和义务教练。我 1995 年采访她时，她的实际年龄已经超过 50 岁，可看上去有如 40 岁一般。我说爱美的人就是年轻，她对这句话并不表示反驳也不反感。

她不愿把自己的真实想法隐藏着，很痛快地向我讲述了为什么组织中老年人跳交谊舞和练健身舞的初衷，以及对什么是美的认识。

她说："有些事情就像小孩儿捉迷藏，越是无人敢去的角落越是我愿意探寻的。改革开放刚刚开始，人们的爱美意识还被禁锢着的时候，我是全市第一批描黑眉涂红唇公然上街走动的女人，可能也是当时年龄最大的女人。有人在背后指指点点，甚至说我老不正经。让她们说去吧，像她们那样本皮本色平平庸庸地活着才是真正的没意思呢！

交谊舞，是多么好的一种娱乐活动呀！竟在中国的老百姓中被尘封了近 30 年。我喜欢跳舞，更喜欢交谊舞，这一娱乐活动在我们这个城市还没有重新兴起时，我就和我的丈夫关上窗户拉上窗帘，躲在家里跳了。

我想让更多的人知道我，也想让更多的人学会交谊舞。于是，我向几位比较要好的朋友说出了想教她们的想法。可她们竟像听到了瘟疫一样的躲躲闪闪，我觉得可笑，喜欢什么就来什么，想怎么做就怎么做嘛，何苦老想着别人对自己的看法如何如何呢？更何况跳交谊舞又是一种美的享受呢？

我想，那些人跳交谊舞怕与男人相拥着别人笑话，单人跳健身舞总行吧？于是就动员大家在公园里跳健身舞。开始时，学的人不多，看的人多，时间一长，队伍就越来越大了，男男女女老老少少都加入了进来，而且学的热情极高，后来竟主动要求学交谊舞。爱美之心人人都有，你说对不对？只不过有的人太内向，不敢暴露真实的自我罢了。

有的人说我浪漫，浪漫点有什么不好呢？现在大家都跳不就没有人说我浪漫了吗？

不知为什么，学舞的人越多，我教他们的热情就越高，有时真感觉到疲乏，可我一点都不让它表现出来。

我丈夫说我爱跳舞和爱化妆是因为出身于资本家家庭，所有的才华一生都没有得到发挥而感到空虚和悲伤，才发泄的。他的话我不反对，我觉得自己的一生有很多事情都做不好，甚至永远都做不好，就此也很痛苦。就是在退休之前正式上班的20多年间，每当我痛苦的时候，就用着意穿着、暗自跳舞和唱歌来打发自己，甚至力图使自己成为一名著名的舞蹈演员，当然那是我这个小学音乐教师永远达不到的目标，可是我觉得那样去想去做能逃避日常的感觉。"

一位浪漫型人格的女演员也曾经这样对我说："作为一名演员永远有更高的目标要达到，哪一位著名的艺术家不是靠着扎实的基础和一次次的演出锻炼而成功的呢？

成为一名人们耳熟能详的艺术家，是我的理想，尽管自己现在的演技还很一般，但我总是逼着自己练功，争取参加所有可以参加的演出。虽然目前来谈"著名"只是幻想，可我需要这种幻想，如果没有了这种幻想，我不知怎样才能活下去。"

在乎人与人之间的关系

浪漫型人格的人尽管对工作抱有宏伟的理想，但是与寻找心中满意的伴侣比起来，便退居了第二位。

他们很在乎人与人之间的关系，尤其伴侣以及情人的关系。当出现一个新的自己感兴趣的关系，或者原有的关系发生了问题，工作很快就会被暂时放在一旁。

案例1：

陈先生32岁，是一位房屋设计师，喜欢太极拳，每天早晨去城市中心广场操练。他穿一套黑色练功服，太极拳打的柔中带刚，圆润顺滑，引得人们不时驻足观瞧。

小燕是某银行职员，25岁，未婚，对体育锻炼情有独钟，也每天去城市中心广场练长拳。

他们距离不远，开始时见面点点头便算打了招呼，临别时再相互招招手表示再见，一切都很正常。

一个星期日的早上，他们各自练完功，即将离开的时候，小燕突然微笑着走到陈先生的面前，说："您的太极拳打得真好，教教我可以吗？"

自一个月前这个漂亮姑娘在陈先生眼前出现，就在他心中打下了深深的烙印，美好而甜蜜。今天，她能够主动走上前来请求学拳，更是他求之不得，便立刻答应。

小燕有长拳的基础，学起太极拳来进展非常快，一周时间就可以熟练地打下全套了，只是在速度和刚柔力度的把握上显得稚嫩些。

在教小燕练拳时，陈先生经常有意或无意地去接触小燕的胳膊或腿，用以纠正她的动作。她对此也觉得很自然，有时竟故意把动作做错，希望他来动手纠正。

他们接触长了，相互产生了一种依恋，或因大风或雨天没能见面，就像缺了些什么的失魂落魄。

陈先生难以忍受是否要探询小燕心里对他的态度的折磨，终于在一天练完功后提出了自己的请求，邀她晚上一起去咖啡厅。事情竟是那样的一拍即合，小燕几乎没有思考地就点头同意了。

陈先生之所以想与小燕更亲密地接触，是因为他发现了妻子对他的严重不满，感觉到他们的关系已走向了崩溃的边缘，与其让她提出离婚，不如自己早些告退，免得自己陷入尴尬。

他和小燕的关系发展的很顺利，几次咖啡厅小叙，感情就迅速拉近了，KTV 包房便成了他们亲密的场所。

他的一栋楼房的建筑图纸还没有设计完，小燕向他提出去桂林旅游的想法，他向公司领导告了一个霸王假就兴高采烈地上路了。

陈先生旅游回来后，被公司炒了鱿鱼，原因是耽误了公司的工作，给公司造成了损失。

除了亲密关系之外，浪漫型人格的人与其他人的关系愿意保持在若即若离的状态。他们认为，人无完人金无足赤，相互间只有距离得越远，才能感觉到对方越完美，如果关系极其亲密，一切缺陷都会显露出来。一旦对方发现了自己的不足，自己就有被抛弃的可能，保持距离，是吸引对方的最好办法。

有些浪漫型的人会主动寻找忧虑，这往往产生于他们的生活过得越来越平淡的时候，或者产生于因一件小事而恼怒的时候。

案例2：

一位浪漫型人格的国画家对我讲："要知道，忧心也是一种乐趣，如果谁企图把我从那种貌似苦恼的状态中解脱出来，我会从内心讨厌的，证明他不了解我。

市美术家协会改选，我当秘书长的愿望泡了汤，加之近两年我的作品也没有在省级以上展览中参展，心里很忧伤，经常一个人坐在屋中冥想。想他们没让我当秘书长是失误，损失是大的，如果我当了秘书长，会很好地配合主席工作，会到某公司某工厂去募集资金，每年用这些资金办几次书画展，再请几位资深的画家来讲课，使全市的美术工作再上一个新台阶。甚至连去募集资金时的谈话方式都想得非常详细。虽然我已经落选，虽然考虑那些毫无意义，我还是陶醉其中。

忧心时，我的思绪很清晰。经过一段时间的冥想之后，觉得没有当上秘书长也并非坏事；我可以专心致志地从事国画创作。于是便构思，脑海中便出现一幅幅不完整的画面轮廓，一会儿又为这些画面的不奇特和无新意而懊丧，甚至随手抓起一枝画笔什么的抛出很远。

妻子每当看到我这样，便以为我陷入苦恼中而不能自拔，于是就采取各种方式逗我乐，让我开心。可是，我对她的好意烦透了，恨不得骂她几句。因为这样很可能会终止我的忧心和冥想，要知道这种貌似苦闷的忧心和冥想对我来讲是多么的重要呀！"

浪漫型人格的人遇到一些事情而苦闷和恼怒的时候，不需要别人的解劝，因为一些情绪的危机是他们自己创造的。如果别人此时去跟他们讲道理，或者企图将那些事情合理化，就会使他们变得更加愤怒和不悦，觉得破坏了他们忧心的情趣。

另外，他们对别人的苦难有着天赋的同情心。如果他们发现了谁在受苦或发生了困难，只要他有能力帮助，是会竭尽全力的；即使这种帮助会给自己带来麻烦，也不多加考虑。

未觉察的浪漫型的人特别看重道德，受着罪恶感的折磨，时常表现出强烈的情绪化。他们渴求别人能够注意到他的痛苦，却不喜欢别人来帮助，也不承认自己的坏情绪可能酿成大错。

觉察了的浪漫型的人是有创造力，有魅力，有同情心的人。他们有望成为出色的艺术家，或成为慈善事业的赞助者。

浪漫者的自我测试

你是否是浪漫主义者：

1. 我通常感觉自己很特别。
2. 我讨厌参加团体活动。
3. 我喜欢处在美丽的事物中。
4. 我喜欢穿得与众不同。
5. 我不喜欢跟随别人。
6. 我从来不觉得自己普通。
7. 我会被不平凡的事物吸引。
8. 我讨厌没有品位的东西。

9. 我觉得很多人都不了解我。

10. 我比大多数人感受深刻。

11. 我能感受到生活中的悲伤和不幸。

12. 我很多时候会有被遗弃的感觉。

13. 我常常表现得十分忧郁，充满痛苦而且内向。

14. 我感受很深刻，并怀疑那些总是很快乐的人。

15. 有关失落、痛苦和死亡的想象常常吸引着我。

16. 我有时候感觉受困于自己的过去。

17. 我的情绪易起伏，变化不定。

18. 我认为自己非常不完美。

19. 被人误解对我而言是一件痛苦的事。

20. 我常常不知道自己下一刻想要什么。

21. 人们会因我的热心、创造力及强烈的感情而被我吸引。

22. 初见陌生人时，我会表现得很冷漠、很高傲。

23. 我用直觉多于用逻辑去分析问题。

24. 我觉得生活有时是非常无聊的。

25. 我渴望拥有完美的心灵伴侣。

26. 我很难找到一种我真正感到被爱的感觉。

27. 我有很强的创造天分和想象力，喜欢将事情重新整合。

如果你同意以上的陈述，你就是一个浪漫者。

第五章　观察型人格

精通心智的分析

观察型人格的人特别隐秘，他们中间的大多数人都精通心智的分析。他们喜欢事实，喜欢对事实进行系统的剖视。

他们通常是害怕干扰的，需要一个属于自己的空间，大到一套单元住房，小到一把座椅。

案例：

张先生每天下班回家都要坐在他的电脑桌旁的转椅上思索问题半个小时以上，连他的学龄前孩子都知道爸爸的这种习惯。他坐在那里时，孩子从来不去打扰，直到离开那把椅子，孩子才敢跑上前去与他撒娇嬉戏。他与孩子玩耍也不像其他的爸爸那样尽情和没完没了。

张先生供职在一家事业单位，兴趣广泛，几乎对世上的事情无所不知，如果谁提到什么，他都能略知一二，但是，却不愿主动地表露，偶尔说出一两个观点，无不一鸣惊人。

他收集资讯的办法主要是读书、上网、看电视和听广播，当然也包括对日常生活和工作中所接触事物的分析体验。

他体验日常生活主要是以观察者的身份出现，一般不把自己牵扯到事物之中，即使自己处在事物之中无法逃离，也让自己的头脑与外在事件保持距离，以便正确地体认眼前的感觉和想法。

张先生平时处理工作关系的方法也是与同事们有所区别的。

前几年，他们单位的办公楼因为处在城市拓宽马路的拆迁范围之内，国家给一些钱让他们自选新址。张先生是单位领导班子成员，单位领导研究新址的选择时自然要有他参加。别的人都对此毫无保留的发表见解，他却一言不发，当主要领导让他表态时，他却假说："我还没有考虑好。"

这本不是一件什么大不了的事情，领导班子开会研究新的单位地址选择是正常之事，与会者怎样发言，见解对错也无关紧要，这么简单的问题他为什么不发言呢？这是他的人格特质所决定的。

观察型人格的人普遍不愿表态，即使是无关紧要的小事，也要经过细致考虑，甚至就算被问到头上，他们不是假说有事暂时离席，就是借其他原因不表态。

观察型的人经常独自在一个清静的环境里回顾过去和思想未来，有时也对眼前事物进行分析研究。

张先生除下班后习惯坐在自己电脑桌旁的转椅上思索外，还习惯在清晨散步时思索。他的思索经常是举一反三的，也就是说从对一件事情的类推可以知道很多事情。

另外，他散步与别人不同，除了思索还愿意凑热闹，如果哪里围一群人观看什么或听什么，一般情况下他都会停下来，看上一会儿或者听上一会儿，但无论事情是简单还是复杂，与自己有关还是无关，他都不会参与，只是把它默默地记在心中。

有计划地工作和生活

有计划地工作和有计划地生活，也是多数观察型人格的人的一种习性。

他们往往把自己的工作和生活安排得井井有条，每一种活动和兴趣都有专属的空间和既定的时间，并很少重叠。

他们结交朋友的方法也与别人有着区别，认为事业上的熟识者不一定是朋友，朋友也不一定是追求同一事业的人。

假如由观察型的人组织安排私人集会或郊游，他们绝对不会把追求不同事业的人安排在一起。那样会显得混乱。在他们看来，过多的人际关系互动也会使人的心情不悦，甚至搞得筋疲力尽。同时，他们这种维持自己界线的方式，也是使自己保持神秘的保护措施。

他们与人交谈时，不会像一些人那样，天南地北、海阔天空、无边无沿地想啥说啥，也不会吹嘘自己在某某行业、某某城市有哪些朋友。他们这样做，是为了使自己更安静，是为了使自己的情感不表露得过多。

他们把生活分门别类，并不是刻意地追求，而是心理自然。只有这样做，才觉顺畅。

他们对一些事情喜欢参与，虽然不愿发表观点。

但是，他们的参与必须做好准备，反对无准备的拜访或无准备的其他事情。假如谁贸然地去敲他家的门，尽管是他的亲密朋友，他的直觉反映也会是让那人出去。

他们虽然有这种"让那人出去"的直觉，却不会这样说，也不会在表情和动作中表现出来。因为他们很聪明,绝不轻易做那些使对方伤感的事。

他们虽说力图做事有规律,然而,也不喜欢过度计划生活,如果每个星期一早晨单位组织一次学习,他们就会反感。

案例:

一位从事会计工作的女士曾经这样对我讲述她的习惯:"我很少在公共场合发表自己的见解,哪怕是面对一件微不足道的事情,假如是一个小偷掏了谁的钱包被逮住了,大家津津乐道,我也是三缄其口。我这样做,并不是对人缺乏爱憎,也不是对那件事情怀有惧怕心理,而是觉得随便在那里说说并不解决实际问题,只是发泄一下自己的愤懑罢了。

我并不是在任何时候都不愿发表见解,如果在我从事的财会工作上别人提出了疑义,自己在对此账目已考虑清楚或弄清实际情况后,我会有理有据地发表我的见解的,这样才能有的放矢。

我研究一件事情很专注,思索时对任何人的任何形式的打扰都很生气,认为是他们抢走了我难得的感觉。因为我思考问题总是站在第三者立场上的,包括分析涉及自己或者说完全就是自己的事情,也愿假设自己是第三者,进行换位思考。这样看问题和制定行动方案,才能客观、公正,免除偏执,少出差错。

一次我随检查组到基层检查财会工作,发现一个单位的账目有问题,多数人认为是这个单位的会计贪污,在研究处理意见时,组长问我的意见如何,我想了一会儿,觉得任何事情都不能盲目下结论,要经过详细调查,但在大家已公认是贪污的时候,只自己一个人否定而又拿不出可说服人的证据,对自己不算太好。于是我说,对这个问题自己还没有考虑清楚,请允许我明天再表述。

第二天上午，我把那笔账目又反复核对了几遍，然后建议组长再找当事人详细询问一下这笔账的发生过程。

经再次详细询问当事人，我们发现了问题的出处，是会计对业务不够熟练，既下错了科目，又造成了账目重复，排除了贪污嫌疑。

我认为遇事不盲目表态，对自己对别人对工作都有益而无害。"

观察型人格的人讲究工作方法和事物发展的一致性。

假如他们预测某件事会发生，其十有八九就会发生，因为他们在表态或作出结论之前，已经进行了翔实的调查和周密的思索，甚至在思索中把每一个小细节都分别区隔，一个个地单体分析后，再将其串联起来分析，感到万无一失后才公布于众。

他们愿意独立工作，尤其在特定的知识领域里，更是喜欢自己承担起一项任务。他们一旦承担起某件事，就会竭尽全力去完成。

观察型的人自己也认为，自己的知识比大多数人更丰富，洞察力也更深入，看问题也更透彻。

他们之所以看事情的眼光不同于其他人，因为他们有着全面性的整体观。

对生活标准只求最低

观察型人格的人除对知识贪图外，对自身的生活标准要求的并不高，也可以说只求最低。

案例：

辛兆瑞是一位中学教师，虽属工薪阶层，但父亲是一家小型纺织厂的老板，有着这样的坚强后盾，也堪称是经济富有者。可他在生活上并不奢侈，多数时间都是在家里或学校食堂就餐，到饭馆或酒吧消遣的时候很少，除非同事们集会或有什么集体活动，否则，那些地方难以找到他的身影。

不十分了解他的人会以为他吝啬或者是个守财奴，其实并不然，他每年的暑假和寒假都要携妻带子到祖国各地去旅游。他们的旅行装备很简便，每人一套换洗的衣服、一套洗漱用品，还有少量的食品，不过，笔记本电脑、微型摄像机是他必带的，尽管很沉重，但是他需要它们为他的头脑增加知识和备忘。

他走到哪里，就了解哪里的风土人情、地域文化、名胜古迹和风味小吃等，并一一记录下来。他还会收集一些自己认为值得收藏的石头、昆虫、树叶等，爱如珍宝地存入一间专门的小屋里。

当你来到他家，打开冰柜和冰箱，几乎是空的，衣柜也只有普通服装，基本发现不了名牌。书房里则别有洞天，古今中外的书籍塞满了五个大书架，其中文学、医学、地理学、天文学、经济学、宗教、司法、新闻写作等，应有尽有，让你感受到一种知识的引力。

他的书籍绝对不像某些人摆在那里装模作样，而是精神食粮，是武装自己头脑的武器弹药。

他教高中语文。他的博学使学生们受益匪浅。他的学生平均分数要超出别的语文老师教的学生的平均分数10分到15分。

他在课堂上给学生大讲特讲，离开讲台，除了回答个别学生的提问外，就像换了另外一个人，沉默而寡言。很少与他同教研室的老师说笑，即使谈话也是有关教学的内容，至于谁与谁的亲疏无论别人怎么关心或热衷于谈论，他从来都不参与。

辛兆瑞属于半觉察的观察型人格的人，区分于未觉察和觉察之间。

未觉察的观察型人格的人表现为退缩、好猜忌、恃才傲物。在工作中或与亲戚、朋友、同事等的交往中，很少承诺，对自己的控制力极强。他们有时还逃离自己的感觉，就像要撇开这个世界似的远离一切。他们对待身边发生的事情，更多时是采取冷眼旁观的态度，如同与己无关。如果非需自己参与不可，也会躲躲闪闪，或推托，或说几句可有可无的话，敷衍了事。

觉察了的观察型人格的人则另是一番风景。他们尤为敏感，觉知力极强，专注、客观、富有创造力，可以成为一位很好的思想家。他们的敏感和分析技巧是卓著的，处处展现出超众的智慧。但是这种智慧却与聪明不同，他们往往会使周边的人感到不理解或者与他们疏远。

有着惊人的理智

观察者拒绝陷入极端的感情，并和团体的压力保持距离，这使得他们可以清楚、超然而又不失想象力地观察事物，有着惊人的理智。这一类型的人不容易分心、不轻易受外在需求所干扰，善于思考事物的本源，他们是思想的工匠，发展、分析并测试着自己的想法，他们甚至还是理想家，秉承着理智的原则，坚信着思想的力量。

虽然他们看起来对外在世界毫无感觉，其实他们对外界的敏感程度绝不亚于浪漫者。哪怕是泛泛之交的一句话，观察者也会为之仔细思量，因为他们会细查每份信息。在他们眼中，一个小小的信息也可能发挥极大的作用，也正因如此，他们几乎从不会陷入被动的境地，他们是现实生活中的领导者。古往今来，成大事者，无不以成熟、冷静的头脑为人处世，也就是所谓的理智。

理智地应对工作和生活，会获得人们的好感和爱戴，也会极大地发挥自己的情商、智商，虽然付出劳动不多，但是效果极佳，很值得我们学习和借鉴。

之所以提出理智地应对工作和生活，是因为人生在世，往往是性格决定命运。有些人，不是他没有才华，也不是他的才华不够，可他工作数年，在单位屡屡不得志，这就很有可能是性格有瑕疵所致。要限制性格瑕疵的出现，减少在领导、同事面前的感情伤害，就需要理智的头脑，需要自己掌控尺度，言谈举止以理智为中心，时刻提醒自己规避性格弱点。这样，不知不觉中，就会取得领导和同事们的赞赏。否则，说话办事率性而为，时间长了就会让人心生厌恶之感，纵然你才高八斗，举荐的人也是很少的。

理智地应对工作和生活，相应的，就有了精神上的轻松。人们在精神最放松的时刻，智力水平往往也会发挥到最高。智力水平高，就意味着高人一筹，何愁不胜？

理智地与人交往，会表现出自然的笑容，无形之中就有了亲和力。因为你具有理智，又时时面带笑容，精神放松，就不会出口得罪人、伤害人，你的工作和生活环境就会极为轻松。在轻松和谐的环境下工作，特别容易发挥聪明才智。不仅如此，有了理智，就会化他人的愤怒于无形，你在团队中就更加具有向心力。

所以，人生成功与否，关键在于你是否时刻具有理智。不说不该说的话，举止言谈中规中矩，这就是理智。用理智来指引你为人处世，你就会立于人生不败之地。

在现实社会中，一个理智的人可能会失误，也可能会失策，还可能会失算，但他决不会迷失。按照一般常理分析，失误说明他无意中用错误的行动得出了错误的结果；失策说明他无意中用不正确的方法得出了错误的结果；失算说明他无意中用错误的信息得出了错误的结果。失误、失策、失算其实与知识和运用知识的技能有关，可一旦迷失就没有了方向，那么，人一定会因为缺少了对善恶、好坏、正反、真假等内容最起码的认知和判断而丧失真实的自己。

谈到理智，人们似乎都很懂，但要学会理智地生活，做到理智地做事、做人，相对来说就不是那么容易了。要做到理智地生活，必须建立起理智的概念，要从处理事务的结果中找原因。

在现实的生活和工作中，常常会有一些人羡慕别人的功成名就，羡慕他人的学业有成；也有一些人老是在同事之间互相猜疑、钩心斗角，甚至每天都在算计别人的事，把团体搞得一团糟。很少有人能冷静地思考，看看他人是如何勤奋好学，用心工作的。

另外，我们做事不理智的另一个重要原因，就是我们常常会依据心情来做事。心情好的时候，再难的事情也能轻松搞定，而心情不好的时候，容易的事情也能做砸。例如，在工作中，经常会看到一些人无精打采，说自己今天心情不好，什么事情都不想做。这就是情绪化的典型表现。

人非草木，孰能无情？人与动物的最大区别就是情感丰富、智力发达。但是，情绪应该受到理智的约束，否则，就会给自己带来无穷无尽的麻烦，也会伤害到别人。

那么，为什么多数人会受制于自己的情绪呢？原因主要有三方面：一是不了解自己的情绪变化，二是不会控制自己的情绪变化，三是不体谅别人的情绪变化。

要想克服情绪化，首先要尊重自己情绪变化的规律。

加州大学心理学教授罗伯特·塞伊说："我们许多人都仅仅是将自己的情绪变化归之于外界发生的事，却忽视了它们很可能也与你身体内在的'生物节奏'有关。我们吃的食物、健康水平及精力状况，甚至一天中的不同时段都能影响我们的情绪。"

塞伊教授做过一个实验，他在一段时间里对 125 名实验者的情绪和体温变化进行了观察。他发现，当人们的体温在正常范围内处于上升期时，他们的心情要更愉快些，而此时他们的精力也最充沛。

塞伊教授经过研究还发现，一个人的精力往往在一天之始处于高峰，午后则有所下降。也就是说，一件坏事并不一定在任何时候都能使你烦心，它常常会在你精力最差的时候影响你。

其次，要分析情绪低落的原因。

当你闷闷不乐或者忧心忡忡时，你所要做的第一步是找出并分析原因。只有找到了原因，才能对症下药，合理地控制自己的不良情绪。然后，学会放松。

学会放松，才能保持理智。放松自己的方式有很多种，经调查显示，亲近自然有助于心情愉快开朗。著名歌手弗·拉卡斯特说："每当我心情沮丧、抑郁时，我便去从事园林劳作，在与那些花草林木的接触中，我的不快之感也烟消云散了。"假如你没有条件总到户外去活动，那么，即使走到窗前眺望一下青草绿树，也对你的心情有所裨益。

另一个极有效地驱除不良心境的自助手段是健身运动。哪怕你只是散步 10 分钟，对克服你的坏心境都能有立竿见影之效。

最后，还要学会理解和体谅别人的情绪和心情。

总之，学会理智地生活，关照自己一天中起伏的思想观念，对未来有很大的帮助。不意气用事，不去自寻烦恼，这样才会加快成功的脚步。

观察者的自我测试

你是否是观察者：

1. 我常为别人的行为没有经过一番仔细、冷静的思考而做出来感到非常的惊讶及受不了。

2. 当我不是很了解别人的行为动机时，为了保护自己，我总会与其保持距离。

3. 我的思虑一向周详，因此我善于提供计谋，当参谋是我的专长。我的社交活动大部分是被动的。

4. 我常因思考过多而束手束脚并错失很多唾手可得的机会。

5. 我喜欢看书及收集资料，以确定我做事与为人处世的准则。我常常被不同的人吸引，但又不了解人是怎么控制情绪和情感的，所以我害怕与人相处。为了安全，我宁可埋首工作及书堆。

6. 我的聪明可使我展露出有趣动人的思想，使别人被我的智慧吸引。在我没有绝对弄清楚每一件事之前，我不轻易行动。

7. 我细心观察每件事，并用我的智慧和学识去分门别类，因此对其来龙去脉了如指掌。

8. 喜欢独处、思考，想一些人生、宇宙的哲理，并归类分析。

9. 对知识有强烈的渴求，所以大量收集各方面的资料。

10. 在跟人相处时，常有挫败感，或许觉得别人无法了解自己，但最重要的是别人大多知识匮乏，难以交谈下去。

11. 在做任何决定前，一定先深思熟虑，多方观察，将数据收集齐全，所以在付诸实践前，总是一头栽进去，但规划后的结果往往是放弃机会，不去执行。

12．总觉得生命实在很荒谬，但又忍不住想探索生命的意义及其荒谬之处。

13．社交生活的主动性非常弱，在社交生活中总是由别人主动。

14．不太在乎外表的装扮，物质生活也贫乏，但却有极高层次的精神境界。

15．实在不了解一般人，对既简单又脉络分明的事弄得乱七八糟。

16．对于别人的事，不热情，也不会主动帮忙，但在别人的要求下，会帮别人仔细分析得条理分明。

17．认为知识比人更容易了解及掌握，所以跟人有隔离的感觉，也怕与人接触。

18．当别人请教我一些问题时，我会巨细无遗地分析得很清楚。

19．我不喜欢别人问我广泛、笼统的问题。

20．我通常是等别人来接近我，而不是我去接近他们。

21．我行事被动而优柔寡断。

22．我很有包容力，对人彬彬有礼，但跟人的感情互动不深。

23．我不喜欢有对人尽义务的感觉。

24．如果不能完美地表态，我宁愿不说。

25．我倾向于独断专行并自己解决问题。

26．在人群中，我时常感到害羞和不安。

27．我对大部分的社交集会不太有兴趣，除非那里都是我熟识和喜爱的人。

28．我不喜欢那些侵略性强或过度情绪化的人。

如果你同意以上陈述，无疑你与观察者相去不远。

第六章　质疑型人格

不信任权威

质疑型人格的人不信任权威，在避免去服从权威人士的同时，又无意识地希望找到一位值得信赖的领导者。

他们对待那些人们普遍认为比较好的单位领导或政府官员，也抱着探求他们是否信得过的想法。

他们通常把自己放在高处，居高临下地看问题，很有正义感，敢于为那些受到虐待和难以述说冤情的人代言。

质疑型的人也不都是敢作敢为的，也有胆小如鼠者。无论胆大之人还是胆小之人，他们对一切都抱着怀疑态度。怀疑自己的决定是否正确，怀疑别人办事动机是否包藏祸心，怀疑自己所住房屋是否合乎有关建筑标准，怀疑所处环境是否安全等等。总之，怀疑是他们的天性。

他们怀疑一切，却不认为恐惧一切，即使是胆量较小的那一类人，自己也不承认胆小。

案例1：

当我问到一位质疑型人格的先生是否认为自己胆小时，他说："不光你这样说，很多人都这样说，不知道你们对'胆小'如何下的定义，我认为我对每一件事都愿提出疑问，把可能发生的问题都事先考虑到，是应该的，它能避免很多事故和错误，也可以减少和避免不必要的损失。大家应该把'胆小'和'乐于提出疑问'区分开来。

想想看，假如我们把所做的每件事情都看作会无比的顺利和取得好的结果，不去设想所遇到的困难和糟糕的结局，运作过程中真的出现了问题，肯定手忙脚乱或束手无策，那样不是对事业和自己不负责任吗？

有些人对领导者提出的方案和布置的工作任务不加分析地照听照办，那不是盲从吗？有时领导者也不一定正确，或者他们还怀有个人的其他目的，自己真正地去办了，恐怕会吃亏的。把困难和危险考虑在做事之前，我不认为那是'胆小'。"

他还说："我认为无论什么事情都要考虑它发展到最坏时该是什么样，我们必须事先做好充分准备。有一年发大水，我们的那个城市在松花江边上，如果江水出槽，定会把整个城市淹没。我们家三口人，我给每人买了一只小轿车内胎，充足了气，放在家中当救生圈用，以防万一。别人也是笑我胆小，我仍然不那么认为，真的江水出槽，它会挽救性命。"

质疑型的人考虑问题趋向于负面，把一切可能发生的困难都设想到，并做好准备。他们反感那些大的危险有可能到来之前不做避难准备的人，也反感那些认为他们的话是危言耸听的人。

他们在可能的糟糕事情到来之前做好应对准备的做法，对于其他类型的人来说，往往认为做的过了头。

质疑型的人经常用领导者的目光审视事物和人，看问题比较透彻。由于他们把事物的负面设想的充分，调解人与人之间的矛盾就显得游刃有余，被调解的双方知道了事情发展下去的不良后果，自然而然地就各自表现出退让的姿态。

他们的想象力具有实在的力量，在设想事情发展的最糟结果时，脑海里就出现真的一样的景象。一旦坏的结果真的到来，他们就像经历过了一般，原来那种恐惧心理就不复存在了。由于他们对到来的危险或灾难早有准备，应对时便特别冷静，化解的也比较快，有人还表现出高度的勇气。

案例2：

张志隆先生是某制药厂的工程师，一年前就向厂长提出了更换一台生产锅炉的计划。因为那台锅炉已经超过了规定的使用年限，不能承受设计的压力了。可是，由于资金的原因，厂长始终没有对这一计划给予批复。

他实在忍不住了，找到厂长，说："厂长，你不要把更换那台锅炉当作小事，如果再拖延下去，它随时都可以爆炸，爆炸后的那种惨相你想到了吗？是相当可怕的呀！无论怎样，只要爆炸，100度的滚沸开水就会从炉内涌出，所有在锅炉房工作的工人不是被锅炉炸死、炸伤，就是被开水烫死、烫伤。到那时，工厂停产，伤亡职工家属涌入工厂、涌入医院，又哭又闹，那种混乱的可怕局面你想到了吗？"

厂长被他说得极为生气，吼道："说点吉利话好不好？大惊小怪的，芝麻粒个事说成大西瓜，该干啥干啥，出去！赶快出去！"

厂长把张志隆驱出了门外。

张志隆很生气，但自己不是决策人，只能提心吊胆地等待。

他每天上班都到锅炉房看一看，每次都叮咛锅炉工们注意观察那台锅炉的气压表，绝对不能大意。工人们也感到害怕，也都提心吊胆，不愿与那台锅炉接近。

担心的事情终于发生了。那天，他在办公室里正聚精会神地审视一张图纸，忽然听到天崩地裂般的一声巨响，他惊呆了，下意识地想："完了，一定是锅炉爆炸了。"他放下图纸，飞也似的向锅炉房跑去。

只见锅炉房的玻璃全都被震碎，房梁已经坍塌，里面的白气从屋顶和窗户往外翻滚，几名先一步到达的工人急得不知如何是好。他大喊一声："快到里面救人呀！"说完，便奋不顾身地向浓雾里冲去。

他把一位满身是血稍微有些呼吸的工人背出来，这时外面已经围满了人。一些人见此也冲进去救人。他第二次与人抬出来的那位锅炉工已经停止了呼吸。

在那次事故中，有三名锅炉工死亡，两名锅炉工重伤，在场的五人无一幸免。张志隆在反复两次冲进浓雾翻滚的锅炉房救人的过程中，双脚和双手以及胳膊的某些部位都被热水烫伤，住了一个多月院才痊愈，至今还留有一些疤痕。

张志隆在向厂长提出更换锅炉意见时，厂长说他胆小怕事、大惊小怪，同事们平时也都认为他胆小，可是到了关键时刻，他却能冲进浓雾中奋不顾身地救人，表现出了高度的勇气。

可以看出，质疑型人格的人在防御灾难和关键时刻，完全可以把恐惧甩在一边，表现出人们难以相信的勇敢行为。

此外，质疑型的人能看出别人尚未发展的潜能，并很高兴地帮助他们开发出来。

习惯把注意力放在容易出错的地方

质疑型人格的人虽然很有思想，也极具想象力，并且忠诚、勤奋、可靠，但是，却很难成为一个成功者。他们往往在接近事业巅峰时更换工作，或者在即将大功告成时遇到本来可以避免的"灾难"。

这是为什么呢？

因为他们习惯把注意力放在容易出错的地方，倾向于记住过去的错误，并警觉不再重犯，所以，质疑一切，包括自己的能力，致使对一件事情反复思考，从而拖延了时间，影响了实际行动。另外，他们有时也主动避免成为权威人物。

以此看出，他们之所以这样，自我怀疑是其主要症结。

案例：

吴络非是一家生产皮装的乡镇企业的副厂长。在激烈的市场竞争中，这家工厂越来越趋于弱势，产品滞销，资金难以周转，处于停产的边缘，厂长对此束手无策。

吴络非经过一段时间的市场调查，发现市场上存在着一个盲点。在生活水平普遍提高，许多人都穿上了皮装的今天，仍然有一些特异身材的人为手里拿着钱却买不到合体的皮装而犯愁。他想，自己的工厂规模小，硬性竞争不是那些大企业的对手，采用柔性竞争的策略，可以抢占到市场的一点份额。于是，他向厂长提出建议，研制生产特肥、特长、鸡胸、驼背等特异皮装。厂长听后，大加赞赏，决定马上行动。

他们一边生产，一边在电视台、报纸上做广告大肆宣传，并推出了为特异身材者提供来人、来电、来函定做的服务项目。

消息传出后，特异身材者如闻福音，纷纷来信、来人求购，很多大小商场也来批量订货，生意马上红火起来。

接着，吴络非又发现，市场上虽然各种商品林琅满目，十分齐全，但仍有冷门可找，如全国各地都很重视冬春季节的水利建设，以前流行的"解放鞋"很适宜干此种工作的人穿，现今竟难以买到。于是，他又向厂长提出上设备，生产"解放鞋"的建议。

这项建议经过领导班子的论证后，一致同意采纳，所用资金在吴络非的提议下，决定采取两条腿走路的办法筹集，一是成立一个股份制的专业生产"解放鞋"的工厂，动员职工和社会各界入股，二是通过银行贷款。

这个工厂很快就建了起来，产品投放市场后，真如事先预料的一样，生产多少就能销出多少，有时竟出现采购商蹲在厂内等货的现象。

吴络非的这两项建议，使一个乡镇企业从奄奄一息变成生龙活虎，乡里领导和厂内职工无不佩服。不久，乡领导准备在这两个生产皮装和解放鞋的工厂基础上，成立一个公司，计划让吴络非当总经理。吴络非听到这个消息后，不仅没高兴，反而在推托不掉的情况下，采取了逃避的方式，到别的乡的一个工厂当副厂长去了。

当朋友问他为什么不当总经理时，他说："你们说得很对，总经理这个职务确实很多人花钱都买不到，要知道这个职务的责任太大了？我哪里有那个能力呀！

是的，是我的建议使一个工厂变成了两个，而且产品供不应求。我只是出了个主意，不都是大家干的吗！我很有自知之明，让我出点子，当副手，成！别说是两个工厂的公司，就是三五个工厂的公司，我当副手也干得了。就是一把手我干不了，我不具备那种魄力，也不想当上后出丑。"

吴络非这种质疑型的人，承认自己的智慧，怀疑自己的领导能力，当副手时可以大胆地展示才华，给团队带来生机和活力，一旦让他担任主要领导职务就会推三阻四，甚至逃脱，觉得成功是难以掌握的。

质疑型人格的人出于怀疑一切的心理，即使别人真心地称赞他，他也会对那个人的动机审视一番，如果出于别的企图，一眼就能看穿。

他们如果受别人喜爱，会觉得浑身不舒服。

所以，别人感到他们难以接近。

事实上，如果别人很热情地主动与其接近，他们就会退缩。未觉察的质疑型的人观点比较偏执，工作没有效率或不具备弹性，别人与他很难建立起联系，他们独立开展或完成任务也很难。他们常常表现出怠惰、退缩和唯唯诺诺，有的人还经常违规违纪。

觉察了的质疑型人明辨是非，心智聪明，极具想象力。他们一诺千金，乐于保护他人，可以成为人们的好朋友和好的工作伙伴。他们会立场坚定地对抗有害的权威人物和权威体制。

认定世界充满威胁

质疑型人格的人从孩提时期就认定这个世界充满威胁和潜藏着破坏性。他们的这种认定，大多数都是来自暴力的家庭或存在威胁的环境。

每个人的人格形成，既有先天的一面，也有后天的一面。根据观察和分析，以及参照皮亚杰的道德发展理论柯尔伯格的道德发展阶段论，可以把人格的形成分为四个阶段。

第一阶段（0～4岁），这一阶段为萌发阶段。婴儿从看不见东西到看见东西，从听不懂话到听懂话，从不会说话到会说话，从不会走到会走，他们的感觉一点点积累，他们的智力一步步提升。这一阶段形成两种定向：一是需要关照和关注的定向；他们虽然不会说话或表述不明白，却要家长陪他们玩儿，或者他们自己玩耍时希望家长能在一旁观看或给以鼓励。二是自信和冒险的定向；他们在家中或自己的小天地里摇摇摆摆地往高处爬，如果大人阻拦，他们会大哭或发脾气。

第二阶段（5～8岁），这一阶段为初生阶段。这一年龄的儿童处在幼儿园和小学低中年级，遵守规范，但尚未形成自己的主见，注意力放在人物行为的具体结果和关心自己的利害上。这个阶段也会产生两种定向：一是惩罚和服从的定向。他们缺乏是非善恶观念，只是恐惧惩罚而要避免它，认为免受处罚的行为都是好的，遭到批评指责的事都是坏的。二是工具性的相对主义定向。他们把自己的行为好坏按照行为的结果带来的赏罚来定，得赏者为好，受罚者为坏，或是对自己有利的就好，没利的就不好，不存在主观的是非标准。

第三阶段（9～18岁）（年龄可能稍微提前或延后），这一阶段为生成阶段。这一年龄的青少年开始认识到个人与团体的关系，分析和实践在团体中的生存方式。这一阶段也有两个定向：一是人际协调的定向。个体按照人们所称"好孩子"或"好人"的要求去做，以得到别人的赞许，如"偷"是不对的，"互助"是对的；同时，他们也对所接触事情的内在因素进行分析，对其实质加以认定和区隔。二是生存质量的定向。逐渐知道了"穷"与"富"的区别和意义，"弱者"与"强者"的区别和意义，同时生成了"摆脱"和"获取"它们的意识以及行动的方法。

第四阶段（19岁~）（年龄可能稍微提前或延后），这一阶段为修正阶段。这个时候，个人人格已经形成，但受外界事物的影响，在细微处进行着修正。在这一阶段也有两个定向：一是有意识定向，也称觉察后的修正。当一个人对自己的人格特点完全或部分掌握了之后，就会主动地对弱点部分加以弥补，使自己的人格更加完善。二是无意识定向，未觉察的盲动修正。没能从本质上了解和掌握自己的人格特点，只是以在社会中的体验来修正自己某一时期或某一件事的做法，这种修正的力度极其微弱。

一个人的人格形成，儿童时期是主要的。

案例：

一位质疑型人格的女士回忆她的父亲时说："我的父亲对我的人格形成起着至关重要的作用。他性格暴躁，反复无常，几乎让我无所适从。在婴幼儿时期他对我什么样是无法知道了，尽管他说对我很好，我也想给他的话打个折扣，因为从我记事那天起，就觉得他的脸阴晴难测。

母亲经常说，在我上小学前和小学低年级时，爸爸是爱我的，我却没感觉到，尽管我自己认为做的事很好，他却打我，有时我真的做错了事，他却似乎没看见，或者向我一笑，他打我与不打我完全出于自己的心情好与坏，所以我小时候怀疑他是否真正的爱我。"

心理上有极强的警戒意识

质疑型人格的人对一切持怀疑态度，是因为他们持久地存在着一种被威胁的感觉。但这种怀疑应该区分于恐惧，或者说这种怀疑掩饰着恐惧。

质疑型的人觉得既然事事都隐藏着疑点，那么出现负面结果的可能性就是真实的。

质疑型的人不仅心理上有着极强的警戒意识，生理上也有着极为敏锐的警戒能力。假如在一个相当拥挤的大房间里，很多人一伙伙地各自讲着自己的话，他们却能在这种乱作一团的环境中听清某个人的谈话内容。

几乎他们看见和经历的所有事情都在质疑的范畴之内。别人说的话他们质疑，自己的思想和能力他们也质疑。他们的这种质疑，目的是未来的安全。他们设想未来的种种悲惨景象，是为了一旦大难来临时能够从容地应对。

质疑型人格的人很欣赏和满足自己的怀疑态度和做法，他们感觉这种怀疑习惯可以增强他们的活力。

很多人在恐惧面前不是"逃跑"就是"迎战"，或者有时"逃跑"，有时"迎战"，质疑型的人也是如此。但是，在质疑型的人中，大多数人采取其中的一种，或恐惧，或反恐惧；只有少数人才会根据外在状况不同而采取两种反映。

恐惧类型的质疑型人，偏爱"逃跑"。

案例1：

大学新闻系毕业的小姜，被分配到某省电视台工作。她有一张美丽的笑脸，一副甜润的嗓子，一口标准的普通话，一个聪颖的头脑，领导一眼就看中了她，让她到专题部刚刚成立的《都市生活》栏目当主持人。

初出茅庐，就担当起这么重要的任务，对她来讲既是一种幸运，也是一种压力，她感到压力多于幸运。她想，自己虽然年轻、漂亮，语言表达能力比较强，在学校时的学习成绩是佼佼者，但是，没有经过实践，如今真的上了荧屏，观众不接受怎么办？自己出丑怎么办？唯恐在主持时出错。

接受任务后，小姜遇到的难题就更多了。当时，我国省级电视台的"杂志型"栏目还很少，想借鉴的东西不多，连最起码的什么是主持人？当好一个栏目主持人应该做什么？都很少有人能够给予完整的回答。还好，栏目组的负责人是位有着丰富经验的电视台老手，她对小姜说："顾名思义，'节目主持人'关键在'主持'，这个词在词典中的解释是负责掌握或处理的意思，掌握或处理都含有一定的主动性，这就告诉我们，主持人在主持节目时一定要把握住主动，极大能量地发挥自己的主观能动性，也就是调动起自己的所有智慧，灵活运用自己掌握的所有知识，吃透节目内容的含意，在实际运作时要有所发挥，不要死背台词照本宣科。"

负责人的话总算给她指出了一些路径，可是，她出生在农村，自从上大学才接触大城市，对于都市生活实在太陌生了，因此，对担当这个栏目的主持人仍然怀有恐惧。开始编播时，小姜的心情始终被紧张占据着。尽管负责人和同事们再三的让她放松，就是放松不下来。时间长了，几个节目主持过后，摸索出了一些经验，才算轻松自然了。

放松下来后，观众在荧屏上看到的女主持人再不是那样的拘谨和羞涩了，而是如唠家常，娓娓道来，语言和蔼亲切，气质大方端庄，给观众留下了深刻的印象。

时间久了，观众反映越来越好，每天都有上百封观众的来信寄到小姜手中。以后的两年里，她主动为《都市生活》出谋划策，精心设计自己的语言表达方式，使这个15分钟的节目内容更加具有知识性、趣味性、实用性，形式更加通俗、灵活，让观众觉得更有看点，更加喜爱。

正当栏目越办越好时，栏目负责人突然患了脑出血，住进了医院，虽经抢救，挽回了生命，医生却讲，一年之内难以正常工作。

专题部主任找到她，让她在担当主持人的同时，担当起《都市生活》栏目组的全面工作，而且说"只许干好，不许干坏"。

她被主任的话惊呆了。她知道栏目负责人责任的重大，从节目内容的策划到采访、到撰稿、到制作、到播发，既要把握趣味性、实用性，还要把握思想性、政治性，加之组内所有人员每日的工作安排、思想工作等，都是自己的事，她感到这个职务的危险性很大。回到家中，几乎一夜都没有合眼。第二天，她没有上班，给单位打去电话，说病了。第三天仍没有上班，仍然打去电话，说没有好。第四天上班后，她故意把节目搞得一团糟，还假装出手忙脚乱的样子，以显出自己难以胜任。半个月后，主任见她工作确实很吃力，而且节目质量还在日趋下降，就重新安排了负责人。

当上一个团体的头头儿，是很多人梦寐以求的事，有的人甚至不惜代价地使尽阿谀奉承之能事，来巧取豪夺。哪有她这样的人，毅然把轻易到手的乌纱帽主动地摘下抛给别人了，人们不理解。可小姜这样想：当领导就要负责任，负责任是危险的。急流勇退要比站在浪尖上安全得多。

她是典型的质疑型人格中的"恐惧"类型的人。

质疑型人格中的"反恐惧"类型的人会与小姜的做法大相径庭，他们会利用克服危险、正视恐惧的方法来避开恐惧。

"反恐惧"类型的人无论男女老少，面对危险采取的措施都是"主动出击"。他们具有攻击性和独立性，看起来什么都不怕。实际上，他们很害怕，是用这种主动迎击来掩饰恐惧。

案例2：

在北京西单一家市场租赁摊位经营时尚手表的东北小伙子小孙就是一个"反恐惧"类型的质疑型人。

市场在租赁合同中明文规定："如有销售假冒伪劣商品造成影响者予以罚款，所罚款项在5万元抵押金中扣除；如有与顾客打架斗殴严重影响市场声誉者，清除出场，不准继续经营，抵押金不退。"

小孙对此规定不敢怠慢，谨慎经营，并告知营业员礼貌待客，切莫与顾客争吵。

小孙的手表都是从广东厂家批发来的，为了免除后顾之忧，他与厂家在购销合同中签订了"如有走时不准等问题，厂家可以在规定的时间内调换"的条款。基于这一优越条件，他也向顾客打出了"如有走时不准确一个月内免费调换"的招牌。

一天，一对20多岁的年轻人来到小孙的摊位，那位先生气势汹汹地说："把这块表给我退了！"

小孙说："有质量问题吗？"

那人说："走时不准。"

小孙接过手表，见表盖已经磨损得比较严重，但考虑拿回厂家也可以换，便说："请原谅，我们只换不退，这块手表是 20 元的，您可以在这个价位的 40 多种款式中任意选一块。"

那位小姐说："我不想买你的表了，就想退款。"

小孙说："小姐，我们是有规定的，不能退，只能换。"

那位先生跨前一步，指着小孙的鼻子说："一个小小个体户，哪来的什么规定，少废话，抓紧退款！"

小孙马上预感到来者不善，强忍气愤地问："要是不退呢？"

那位先生更为严厉地说："你知道她老子是谁吗？"

小孙听到这话，有些气愤，说："她老子是谁与我何干？不能退就是不能退！"

那位先生更进一步地向前，揪住小孙的前胸襟，狗仗人势地说："她爸是 XX 区的公安局局长，让你怎么你就得怎么！"

小孙此时知道遇到了难惹的，便气往上涌，"砰"的给那人脸上一拳，那人猝不及防，向后退了个趔趄，小孙就势又踹去一脚，使那人重重地摔倒在地上。那人起来又向前冲，又被小孙一拳一脚打退回去。

这时，那位小姐拨打了"110"，一会儿，警察便把他们带去了派出所。

小孙后来说："其实我非常害怕，如果因打架被清除出场，那 5 万元抵押金白白没啦！可是，我是男子汉，不能被揪住胸襟而熊下来。'先下手为强'就是我当时的想法。说真的，他开始揪我胸襟时，真有点怕，他拿警察局长来吓我，我的火气一下子就上来了，心想，警察局长就不讲道理了？于是就打了他一拳。拳一出手，就什么也不怕了。"

质疑者的自我测试

你是否是质疑者：

1. 常常保持警觉。

2. 是一位忠实的朋友和伙伴。

3. 很清楚自己的焦虑，有时可以抗拒它，但多半时候会不由自主地屈服于焦虑之下。

4. 在极端的焦虑之下，曾倾向于指责并怪罪别人。

5. 需要权威人士来指引，什么事该做，什么事不该做。

6. 有时候冲到喉咙的愤怒，使你骂出刻薄的话，事后后悔，又很难向别人认错。

7. 你忠于团体，且很有责任感，并努力做好与团队合作有关的事。

8. 讨厌别人对团体的付出不够及不忠。

9. 努力做自己该做的事，而且相信自己的能力，但周围的人总是如此懒散，没有规矩，真让人生气。

10. 是一个有耐力、有活力的人，做事情时总抱着严肃的态度，很认真，很勤奋。

11. 相信权威人士，尤其是对自己崇拜的权威人士，表现得忠心耿耿。

12. 质疑型的人对生命的看法是，应忠诚于家人、团体及国家。

13. 非常讨厌不负责任的人，并且疾恶如仇。

14. 在做任何事或重大决定之前，需要参考别人的意见。在未做决定前，心理充满焦虑，常用愤怒来表达情绪。

15. 生活规律化，时间表排得很紧凑，所以对做事太有弹性的人会表示自己的不信任。

16. 由于害怕犯错，所以总是小心谨慎，但一旦犯错就会把错误推到别人身上，以减轻自己的罪恶感。

17. 很注重团体规则及纪律，如果有人不遵守，会责骂别人。

18. 有时会激怒对方，引起莫名其妙的吵架，其实是想试探对方爱不爱我。

19. 尊重权威，但一旦发觉此权威不值得尊敬，会立刻反对此权威，弄得周围的人对之不了解也不谅解。

20. 常常设想最糟的结果而使自己陷入苦恼中。

21. 常常试探或考验朋友及伴侣的忠诚。

22. 最不喜欢的一件事就是虚伪。

23. 有时很欣赏自己充满权威，有时又优柔寡断，依赖别人。

24. 面对威胁时，会变得焦虑，但也会对抗迎面而来的危险。

25. 有时期待别人的指导，有时却忽略别人的忠告，径直去做自己想做的事。

26. 在重大危机中，我通常能克服对自己的质疑与内心的焦虑。

27. 当沉浸在工作或擅长的领域时，别人会觉得自己冷酷无情。

28. 你和家庭与朋友的关系密切，这让你觉得充实而不孤独。

29. 你常不清楚别人对你感觉如何，因此曾用各种方式考验别人，以搜集别人对你喜欢与否的证据。

30. 善良、努力且尽忠职守，所以会为了家人及团体成员的生活习惯与自己不同而调整自己的原则和规律。

如果你同意以上陈述，无疑你与质疑者相去不远。

第七章　享乐型人格

做自己能够享受愉悦的事

享乐型人格的人似乎把自己的生命过程看作是在一个硕大的游乐场中玩乐的过程，自己就处在游乐场的中央，品味所有的愉悦，想玩什么玩什么，这个玩腻了就换下一个，或者刚刚玩上，见另一个场景有趣，便放下，立即奔过去。

他们的兴趣极为广泛，在实际生活中可能会身兼多职，表现得像一个工作狂，不知疲倦似的奔忙着。

由于兴趣广泛，涉猎的事物较多，有着充足的选择余地，所以，他们很难接受痛苦。如果痛苦来临，就会采取实际行动逃得很远很远，去做自己能够享受愉悦的事。如果实际行动不能奏效，也会调动丰富的想象让自己沉溺于精神的愉悦之中。

案例：

一位女士说："我下岗后不久，丈夫也下岗了。为了一家三口能很好地生存下去，我们向别人借钱在市场租了个柜台卖服装。

谁知生意是那样的难做，进货时样式、颜色掌握不好不行，接待顾客时语言技巧欠缺更不行。丈夫车工出身，上班时整天和铁块子打交道，这回经营起服装，感到丈二和尚摸不着头脑。我虽然平时喜欢逛市场买服装，可一旦让自己来卖却没有了本事。

我们一共经营了两年，赔了 3 万多元钱，丈夫愁得吃不好，睡不安。如果债主找上门来，更是难堪。我劝他不要陷进苦恼中出不来，愁坏了身子是自己的事，要往开处想。无论怎么说，他总是处在忧愁之中。

我就不然，已经赔了钱，愁有什么用？想办法不让自己苦恼才是上策。每到那时，我把债主好言劝走后，便用看电视、玩电子游戏、做新式菜肴等方式来打发苦闷。或者一个人躺在床上把自己带进未来的美好想象中，甚至想，我有了钱，有 100 多万，买了一套电梯代步的三居室房子和一辆捷达轿车，丈夫开车拉着我和孩子游览半个中国。我当时是喜悦的，虽然是幻想，却跟真的一样喜悦，一样让我满足。

有时我把丈夫一个人留在市场卖货，自己满城市乱逛，大小商场、大小超市、农贸市场，哪里都去。一次，我突然感觉到在农贸市场烙大饼的生意不错，回家后向丈夫说了我的想法。他第二天到农贸市场一考察，也觉得可以，于是我们就改了行。改行后，果真效益不错。仅用了 3 年时间，就把债务还清了。"

这位女士的丈夫却说："她没有一件事能从始到终做到头的，如果她一心扑在卖服装上，不到处乱跑，守在柜台内接待顾客，也不见得赔钱。想想看，我一个大男人怎能卖好女式服装呢？以后弃掉服装烙大饼，若不是我整天在那里不停地干，像她那样只新鲜一阵子，又去琢磨干别的，照样还不上外债。"

这位女士就是一位兴趣广泛的享乐型的人。

不是很多卖服装的人都发家了吗？放在他们身上，卖服装为什么就不挣钱呢？她丈夫的话很有道理。

许多享乐型的人都喜欢梦想或开创新事业。由于他们的想象力非常强，一件事情刚开始便会觉得完成了，就会把它推开，也就是大家所说的"没有常性"。

他们这样做，是因为所看重的是事情的发展过程而非事情的结果。如果某一项进展中的事情可能由于方案原因要失败，他们或者把计划的完成时间向后推延，或者干脆把它放弃，重新开始新的方案，绝不愿意对原方案重新审视或修订，他们觉得那样太乏味。

享乐型的人不愿被束缚，让他们在同一个环境里干着同一项工作，别说是几年，就是几个月，也难以忍受。若条件所限，不可改变，他们会像生一场大病一样的痛苦。这时他们的工作往往会违规，或者出错。

总是把自己估计很高

享乐型的人不会认为自己是无能的，他们总是把自己估计的很高，觉得能做任何自己想做的事。

他们还对官职比较向往，同样觉得自己争取就可能得到，并且能在其位谋好其政。

他们还愿意在某些场合表现自己，以显示自己的才华。

案例：

张乃迁是某机关的办事员，总以为凭着自己的水平早就应该当科长了，暗中抱怨直接领导层没有伯乐，识不得他这匹千里马。后来又认为自己没有当上科长是自己不是党员的缘故，于是便写了申请书，工作上，处处表现得积极主动。

党支部见他有入党的要求，工作又这样负责任，经过一段时间的考察，便让他填写了《入党志愿书》。

按常规，入党前，组织部门必须找申请人谈话，从中了解申请人对党的纲领、性质、党员义务等的掌握程度和认识程度。

组织部的两名工作人员找他谈话时，所问问题他对答如流。工作人员很满意。即将结束谈话时，他却反问两位工作人员几个有关党的知识方面的问题，以显示自己对党的知识掌握的要比他们专职党务工作者多得多。他的这一做法，差点弄巧成拙。

入党后，他便把目标锁定在了科长位置。他用自己的长处与科长的不足比。例如，他写一手好钢笔字，细致整齐，科长的字却无体而潦草；他讲起话来滔滔不绝，科长却言语迟缓；他的知识面宽广，天文、地理、政治、经济，无论什么都知道一些，科长则只对本职工作了如指掌，对于其他似乎不感兴趣。

基于想当科长的心理，他有时竟视科长而不见，抢在科长之前向科里新调来的两名职员指派工作。有时甚至直接到局长那里汇报工作，提出有关科内工作的建议。

局长对他的看法并不好，因为他上报的工作总结等文字材料只是字好看，内容则面面俱到，肤浅杂乱，既找不到问题的中心，又看不到好的观点，基本上每次都会被局长退回来，令其重写。实在写不出来，还得科长亲自动笔。尽管如此，他仍然认为自己的能力要比科长强很多。

他自作聪明地耍了很多手腕儿，给科长预埋多次"陷阱"，都无一漏掉地被科长看穿。直到科长退休，他也没有当上科长。

像张乃迁这样的享乐型的人，过高地估计自己，认为自己比别人都伟大，看自己哪方面都好，简直是完美无缺，基本达到了自恋的程度。这样的人在工作中很难取得成绩。

享乐型的人虽然自恋，有些瞧不起别人，但是却很爱交朋友。不过，他们交朋友时竟然把注意力放在自身的需要和快乐上，对长远以及更深层次的友谊却不去顾及。

他们并不认为自己发现不了更深层次的东西，而是说自己不愿显露。他们也能觉察到别人看轻自己，可认为那是别人的误会。

他们也会为别人不看重自己而烦恼，不过那只是一瞬间的事，马上就会被美好的想象或自己找来的工作或闲聊什么的所代替。他们很愿意帮助别人做事，如果看到谁有困难就会立即帮助解决。

他们也很注意与别人的关系，如果谁想跟他们讲点什么，他们已经知道那个人很想把那些话说出来，尽管时间很紧，也会很有礼貌的耐心听下去。他们还认为，既然别人向自己提出了问题，就必须解决，如果不同意解决或者不急于解决，为什么还要提出来呢？

一位享乐型的人就他的这种感觉对人说："我看不惯那种拖泥带水的人，既然提出了问题，为什么不尽快去解决？让这种忧虑抢占我原本被愉悦占据的心理位置，使好的心情不能痛痛快快地伸展，实在难以忍受。"

未觉察的享乐型的人以自我为中心，追求享乐，为了自己的快乐需求，可以不惜一切地巧取豪夺。口是心非和伪善是他们的习惯做法。他们无法专注地面对一项事情，如果稍微专注些，就会感到沉闷。他们还具有叛逆的性格，往往会因此而导致失败。

觉察了的享乐型人格的人热心而胸怀宽大，能够通过较强的感知能力觉察到别人的痛苦，从而给以照顾。他们能够运用自己鲜明而范围广阔的想象力，以及爱心和自己的综合能力，支持具有重要意义的事件和个人。

习惯不间断的寻找美好

大多数享乐型人格的人的童年充满着快乐，从记事开始，他们就在欢快中奔跑。

享乐型的人追求的是欢快和无忧无虑，习惯不间断的寻找美好。如果目前的状况发生了变化，痛苦就要来临或者已经来临，他们的逃避办法是向其投入适当的注意力以免陷入麻烦之中，然后把剩余的精力（几乎大部分精力）放在对未来的美好展望上。以此让自己与痛苦拉开距离。

如果面对某一件事情，感到无聊或者焦躁，他们就会采取走开的方式。但是，他们的这种走开并非单纯的肉体离去，还包含着思绪的逃避。他们表面上仍然对该件事情很感兴趣，像在注意地听或仔细地品味，实际上思想已经飞得很远了。他们会想到大海，他们来到海湾浴场，看着退潮时微弱的水浪轻轻地拍打着岸上的礁石，或者欣赏众多的男女在海水中的嬉戏。或者想到他和女友手牵着手漫步在金黄色的沙滩上，女友偶尔捡起一片绿色的海带叶，在手中把玩，他偶尔蹲下身去掀开一块石头，看看是否隐藏着一只肥硕的海参。

这些想象宛如真的一样让他们陶醉，忘记了眼前的无可辩驳的真实。

案例：

一位享乐型的人对我说："我讨厌那些没完没了的苦闷，如果不逃出来，恐怕死神就要向我招手了。"

当我问他为何苦闷时，他笑了笑说："其实也没什么，只是一本书引起的风波。"

接着，他向我详细讲解了他苦闷的由来。

他是一家出版社的编辑。他明白，出版界的稿源竞争相当激烈，出版社要想取得好的社会效益和经济效益，好的发行量是关键。好的发行量要有好书，出好书要有好稿子。为了弄到好稿子，他与在美国的亲戚联系，在亲戚的帮助下，拿到了一本列入美国图书排行榜的励志类书籍在中国内地的出版专有权。他立即组织人员翻译、录入、排版。

正在他高高兴兴的忙碌之时，社领导突然通知他，这本书不能出版，理由是前期投入过大，另外，这类书中国出的太多，市场前景也不一定乐观。

领导的话就是圣旨，一本他认为绝好的书就这样被枪毙了。如果单纯是一本书出不出版而不涉及其他，他还不一定那样愁，关键是出版专有权需要付款，翻译、录入、排版，他也都与人谈妥了报酬，这些钱从哪出，难道就让人家的劳动成为义务吗？

最后，他对我说："我已经真正的逃出来了，其实苦闷是没有用处的。"

我问他逃出的办法，他说："我听到那个不幸的消息后，只想了一个晚上，第二天就决定寻找一种快乐的事情去做，以此来冲淡那种苦闷。于是就邀请我的一位在另一家出版社当编辑的朋友，两家人利用双休日到承德避暑山庄去旅游。来到承德后，席间聊天时，我说出了心中的苦闷。那位朋友听了我说的书名和内容大意，立刻说，拿到我们那去试试。我立时来了精神。没几天他给我打来电话，他们出版社决定马上就进入印刷。"

学会逃离痛苦，或者说与痛苦保持距离，实际上，这样做有很多好处。第一，苦闷时，思绪就会很乱，想马上拿出一个应对方案很困难。第二，主动逃出苦闷，既有利于身心健康，又能在头脑清晰时出现好的办法。第三，把自己的苦闷讲给别人，也有可能得到帮助。

面临压力时会变成完美型的人

享乐型的人很难达到事情的成功，这是事实。但是，也有例外的时候，那就是当他们受到压力的时候。

那时，他们会变得像完美型的人，负责、独立、勤奋工作，显得急躁、紧张、爱批评、自以为是。

他们的压力感主要在 3 种条件下出现。一种条件是，工作上有着无法更改而又无法避免的期限，必须按时完成。另一种条件是，对某人或某件事憋着一口气，非要圆满完成让他们看看。再一种条件是，有一个对立面正在与之比试，使他不甘落后。

案例：

佟鑫在部队的团卫生队当了 7 年卫生员，没有提干，退伍了。本想与相处两年的未婚妻结婚，可未婚妻的父亲说什么也不同意，理由很简单，佟鑫是农村户口，没有正式工作。他憋足了一口气，非要干出点名堂来让他们看看，农村人照样能出人头地。未婚妻也在暗地里支持他，说："我等着你。"

做什么呢？做大生意既没本钱，又没经验。当二道贩子吃过水面利润太小。卖蔬菜小打小闹实在没意思。他的远房叔叔是药厂的厂长，何不找找他呢？

叔叔的药厂是国有企业，他是农村退伍兵按现行政策不可能成为厂内的正式职工。叔叔摇头。

他说："我不是想当正式工人，想为你们厂子临时搞推销。"叔叔想了想，答应了他。他印了名片，带上厂内生产的五种药品的样品，便上路了。

他靠着在部队当 7 年卫生员对药品知识的了解，靠着天生的一片利嘴，腰里揣着东拼西凑的 3000 元路费，在南方各省走开了。

为了能在外面逗留的时间长一些，他计划着花费这 3000 元钱，乘火车坐硬座，住旅馆找最便宜的，吃饭专挑路旁的临时饭摊儿，渴了身上带有一个事先在旅馆灌满白开水的大号水杯。

无论走到哪个城市，首先买一张那里的城市地图，找到各大医院在哪里，就立即乘车前往。

推销药品并不是容易的事，几乎走到哪家医院都碰钉子，不是说我们不需要你们这个牌子的药，就是说我们的药源很充足，有的说等一段时间再说吧！有的竟然没有好态度地把他往外赶。

他一连走了 5 个城市，一分钱的药都没有推销出去。他灰心了。他把兜里的钱数了数，还有 500 多元，便想到了回家，如果再过几天恐怕连返程的路费都没有了。

他一个人坐在旅馆的房间里看电视，心中非常焦虑，拍床，拍桌子，用脚踹墙，发泄着不悦。

突然，他想到了部队，想起了首长和战友，虽然才退伍不到半年，却觉得像几年时间没有见面了似的。

部队所在地离他当时落脚的那个城市只有 200 多公里，于是便想去部队看看战友后再回家。

到了部队，首长和战友们都无比的热情，问寒问暖，问工作是否随心。他说了实话，道出了难处。40 多岁的卫生队长听后，说："小佟，别急，有办法，我大学时的一个同学在西安一家医院当院长，我给他写封信，你可以到那里试试。"

佟鑫如遇救星，连声称谢。几天后，他带着队长的亲笔信，去了西安。

队长的同学热情地接待了他，看过样品，表示满意，一次订购了 30 万元的货。他喜出望外，立即赶回工厂，发出了第一批药品。

叔叔工厂的药质量很好，患者服用后，疗效很高，队长同学的医院非常爱用。在队长同学的引荐下，佟鑫又结识了几所医院的院长，又把这 5 种药销往了那几所医院。一年下来，佟鑫仅销售提成款就得了 20 多万元。

他买了一套两居室的房子，然后把剩余的钱交给未婚妻，他们共同到商场挑选了家具、电器、床上用品和衣物等。他们的婚礼很隆重，岳父也亲自到场表示祝贺。

享乐型人格的人在压力下可以取得成功，可是他们并不认为压力给自己带来了恐惧。

实际上，就是因为他们有了这种恐惧才像完美型人格的人那样勤奋地工作。他们在压力下容易对看似对自己有干扰的事情发怒或加以责备，有时还能用高标准来要求自己，对自己的缺点进行严厉的批评。

在压力下，他们又会显得非常紧张，总是有一种紧迫感。一些事情还没有发生，对他们来说就像发生了一样。

有时自己对自己的这种心情也特别生气。他们在压力状态下，有时既愿意批评自己，也爱批评别人，对别人的批评甚至是强烈的斥责。他们这种斥责的对象往往是他们身边的人，也就是说被他们伤害最多的人是他们最爱的人。

他们在压力下进行工作时，如遇不顺，便会对着身边的一些物体发泄怒火，如踢打家具、摔打手中物品等，像似那些东西挡住了他前进的道路。

享乐型的人如果取得一项成功必须花费很大精力，因为他们很难对一件事情长时间保持兴趣。

享乐者的自我测试

你是否是享乐者：

1. 常会给自己和他人带来快乐。

2. 很喜欢生活在人群中，参加丰富多彩的活动，使生活变得更加有趣。

3. 相信人是因为快乐而存在世上，认为立即满足自己的所想，是人生中最重要的事。

4. 渴求欲望的力量很强烈，因此一有机会，就要立刻满足自己。

5. 对感官的知觉特别敏感，所以外在的丰富世界总让自己觉得又快乐又刺激。

6. 常觉得想太多、烦恼太多的人很无趣，事实上明天会更好。

7. 常被人觉得多才多艺，自认为学习任何技能都很容易而且有趣。

8. 很喜欢拥有财富，因为财富可使每个人享受美好及奢华的生活。

9. 想要拥有更多，并经历更多的新鲜事，觉得这样会让自己的生活更快乐。

10. 别人都觉得自己是热衷于社交并有趣的人，其实很讨厌别人冗长的故事，觉得听起来好烦。

11. 不喜欢听不好的或不幸的事，那会让自己情绪低落，所以最好不要告诉我。

12. 觉得自己过得很好，很快乐，每件事都好玩，没有任何事值得烦心。

13. 兴趣广泛，多才多艺，只要自己愿意，跟任何人都能谈笑自如，幽默风趣。

14. 在别人眼中不值一顾的东西，可轻易发掘其中的奥妙及可爱的一面。

15. 喜欢生活是丰富而多面化的，有时也喜欢找些心灵的挑战，平添一些生活的乐趣。

16. 很喜欢做计划，更喜欢尝试新奇经验，但总虎头蛇尾，计划完成后，已经不想去执行了。

17. 身边如果有人出现问题时，很快就能替人想出解决的办法。

18. 放任自己，让自己轻松愉快，逍遥自在，也喜欢逗别人，跟别人玩。

如果你同意以上陈述，无疑你与享乐者相去不远。

第八章　领导型人格

用正反对立的角度观看世界

领导型人格的人对真理和正义有着自己的见解，用正反对立的角度来观看世界。他们习惯了领导一切，有一种叛逆者的心理。一不做二不休，就是他们的一贯行为。他们在别人的眼里是攻击性很强的人，而他们自己竟然觉察不到自己惯有的攻击性。

他们对自己的总结是：说话办事直截了当，不拖泥带水。同时，他们也知道自己这样做容易出错，但是怀疑自己的时候极少，照做不误。

他们主张公平，为了求得公平而不懈的抗争。但是，他们却很难听得进其他人的观点。他们往往是胜利者，因为他们对突然出现的情况能够立即反应，果断做出决定。如果他们的对立面是个躲躲闪闪、总想把事情合理化或态度暧昧的人，必将成为他们的战败者。

案例1：

王先生是某粮油贸易公司的经理，当地的玉米收购价格和销售价格连年上涨，做玉米生意的人没有不挣钱的，当然，他们的公司也在玉米这种黄澄澄的"金珠子"身上发了家。

很多生意人见玉米涨价势头如此凶猛，在新粮下来之前，对存储的陈粮都不愿意轻易出手。新粮下来后，又倾囊收购，家家粮油贸易公司都囤满库丰。

市场经济竟是如此的难以预料，正在上涨的玉米价格突然出现稳定，随之又上扬，接着又有些下滑，紧接着便跌到了销售价比收购价还低的程度。

这时，很多粮油贸易公司还不甘心赔钱，期待着玉米价格的再次上涨。

王先生却不然，决定将库中的所有玉米迅速出手，以免到后来赔钱更多。副经理们有的持反对意见，理由是如果现在出手，就要赔30万元，等一等价格有可能还会上涨，别的公司都在观望，我们急啥？他没有接受多数人的意见，坚持自己的观点，说："如果今后玉米价格上涨，这个责任我个人承担！"

他独断专行地毅然将所有玉米销售一空。然后用这些钱收购了当时价格比较稳定的绿豆、高粱等。他的这种做法不仅公司里的人反对，就连其他公司的同行们也都觉得他这样做不应该。

后来，玉米价格继续下跌，从最高时的每公斤1.40元跌到了0.82元，所有大量存储玉米的公司无不叫苦不迭，王先生的公司却如日中天，因为他收购的绿豆和高粱开始涨价，不但抵补了玉米损失的30万元，反过来还赚了12万元。他们一不做二不休的性格，在很多地方可以表现出来。

案例2：

肖明是某制药厂的厂长，一上任便向上级主管部门立下了军令状：任职期间若不能把企业由穷变富，甘愿受一切惩罚。

当时是城市经济体制改革的初期，工厂究竟怎么改还没有成熟的经验，正是摸着石头过河的阶段。在肖明的坚持下，上级批准了他所管辖的工厂在全市第一个实行厂长负责制。

肖明的胆量是大的，性格是坚毅的，借鉴农村改革的成功经验，对厂内四个生产车间全部实行了经济承包责任制，经济指标落实到车间、班组、人头。重新制定了岗位责任制，严格奖惩和各项管理制度，把职工们的责、权、利有机结合，很快调动起了职工的积极性和创造性。

他打破原有的人事管理规则，招贤纳士，大胆选用人才，把懂技术会管理的人员安排到重要岗位。

产品是企业的生命，他在报纸上看到省生物研究所研究出一种治疗乙型肝炎的新药，敏锐地感到这是一种具有广阔市场前景的新药，于是，不惜重金买下了科技成果转让权，开始投入生产。

为了使产品迅速得到社会承认，他从银行贷款 150 万元，在中央及各省市的 17 家电视台或报刊做广告。

因为当时改革开放刚刚开始，人们对广告的作用还不了解，纷纷指责肖明是蛮干。他说："让他们随便嚷嚷去吧！开弓没有回头箭，我就这么干了！"

这种治疗乙型肝炎的新药投产的当年，就创产值 824 万元，盈利 184 万元。

领导型的人在处理问题时，以真理为准则，喜欢开诚布公，磊落坦荡，反对蝇营狗苟，暗箱操作。

领导型的人为了一件事可以争执得脖粗脸红，甚至拍桌子怒吼，而这怒气过后很快就会被淡忘，还会从内心对那个与他争论的人表示赞赏。因为他感觉那个与他争论的人的精力与他相当。

当一些领导型的人没有什么事情可做的时候，会坐在那里老老实实地待着，或看书看报，或貌似思考问题似的虚度时光。这时，他们的主动习惯好像被忘记了。他们对这种做法的解释是：没有值得去做的事，为何要强做呢？他们做事情相当投入，无论是工作还是玩乐，尤其认为很有价值的事情更是如此。

对权力尤为看重

领导型人格的人天生就想控制别人，而不被别人所控制。因此，他们对权力尤为看重。

他们的煽动性很强，几乎不假思索就能说出一套使人振奋的语言。有时为了表达对某些事情的看法，可以不在乎自己身在何方而详尽阐明。

他们对这样做是否侵犯了别人、会产生什么样的冲击和后果，根本就不去考虑。

假如在一个集会或野游的场合，他们喜欢站在大家的中央，讲出自己对本次集会的看法和行动方案等，并不厌其烦地讲明第一步做什么，第二步做什么，直至到最后做什么。似乎只有在指挥事情时才觉得快乐。

他们深知权力的重要性和它辐射的范围。如果他们感受到了权力的威胁，马上会想到如何夺取它，虽然事实上有时并不允许，但他们却喜欢那样去想。

他们意欲夺取权力的目的是捍卫真理和显示自己的伟大存在。

案例：

"三年后我再投标竞选厂长。"这是一位竞选失败的原任厂长结束厂长生涯时说的一句话。

他就是一个典型的领导型人格的人。他叫岳国良，他所在的是一家国有的小型造纸厂。

他东山再起的决心区别于渎职之辈对失去权力的痛苦留恋，也不是狂发非分之想。他是在招标竞争中，利润标底低于对手25万元才痛失厂长位置的。

他在1965年某工业大学毕业后被分配到这家造纸厂。在电工的岗位上干了8年，8年的电工生涯里，虽然也只是普通工人，可在他们的班组里却是个中心人物，班长对他也尊重几分。

后来他被调到技术室，感到有了用武之地。他搞技术革新，把国内刚有的可控硅技术用于生产实际。

岳国良就此被提拔为技术室主任，他初次感受到了权力的荣耀和领导别人的乐趣。他给全厂职工讲技术课，使全厂职工的应知应会技能大大提高。他给中层以上干部讲管理课，站在厂长的角度解读造纸厂各个生产环节的管理方法。他讲得井井有条，听课者无不佩服。这让他名声远播。

临近一个城市的造纸厂给他来信，招聘他为副厂长，并附加提升两级工资、安排住房等优越条件。他心旌摇动，跃跃欲试。

主管造纸厂的轻化工业局领导得知了这一消息，深知岳国良是难得的人才，立即决定把原有厂长调到其他单位，任命他为厂长。

当时的造纸厂虽然是个连续7年亏损的烂摊子，可是当他以一厂之尊的身份站在了800多名职工的面前，仍觉得很荣耀，也很骄傲。

他正确利用手中的权力，全力施展技术业务能力和管理才干，充分调动全厂人员的生产积极性，使企业从低谷中步步走出。

当年，造纸厂扭亏增盈 18 万元。第二年完成利润计划 32 万元。第三年不仅超额完成了利润计划，又盖起了一栋新厂房、一栋办公楼和一栋住宅楼。

他取得了意想不到的成绩，下级尊敬他，上级表扬他，他便有些飘飘然起来。愈加施展领导的权威，说话的语气高了，家长般的训斥职工，大小事情不再与同事们商量，我行我素，目空一切。

正在这时，国有小企业从上到下实行厂长聘任制，他们的这个造纸厂也不例外。他认为投标竞选厂长只是走走形式，厂长的宝座最终还是自己的。所以，他对竞选没做充分的准备，致使失败而退。

当岳国良从厂长的位置下来后，仍然没有觉察到自己是那么的喜好领导，只承认自己不愿意受人控制。他说："因为我热爱造纸这个行业，我懂得造纸企业怎么管理，所以才受竞选失败打击的困扰，否则我是不会往心里去的。"

大多数领导型的人不仅不承认自己想控制别人，而且还觉得自己在不断地退缩，发脾气也只是在对相关人物的气愤实在搁置不下的时候才出现。

领导型人格的人总愿意以坚强勇敢的态势来面对这个世界。也可以说他们这样做是无意识地装给别人看的。

他们深层次的感觉中，也有脆弱的一面。其实他们很天真，经常觉得自己对别人很好，可别人却对他们产生了想法，甚至断绝了友谊，而他们还不知道这是自己的专横霸道所致。

他们通常在人们中间提出一个自己感到痛苦的问题，让大家来谈论，用这种方法来测试别人的可信程度。他们对别人往往很轻视，尤其自己取得成绩的时候表现的更是突出。他们却没有察觉到这种轻视，有时还觉得对待对方比较尊重。他们之所以觉察不到自己的真实表现，与他们长时期的自命不凡有关。

如果那些和他们比较亲近的人及时给他们指出这种轻视别人的表现，他们会承认的，同时也会加以注意。

为了表现自己的坚强，他们会把脆弱隐藏在心灵的最底层，试图不让别人发现，也不让自己发现。他们不到万不得已的时候是不会承认需要别人的帮助的。即使真的去请求别人的帮助，措辞和语气都会像命令，因为他们高傲的力量是那么强大。

领导型人格的人的真实思想和感觉很难表达出来，尽管他们真心实意地想表达。当他们试着去做时，与对方的对话过程就像画家在精心创作一幅山水画那样的费时费力，最终才能被人了解。

能够积极地保护身边的人

领导型人格的人是人们比较好的朋友，他们能够积极地保护和支持朋友和心爱的人。他们很多时候也是路见不平拔刀相助者。

案例：

律师董先生听说一位乡镇小水泥厂的厂长被检察院提起公诉，已按贪污罪逮捕，而且那位厂长自己也对贪污的罪名完全承认，只是他的妻子觉得举报人是乡长的小舅子，想抢夺水泥厂的承包权才告她丈夫的，找董律师只想询问一下能不能有一线挽救希望，并说自己家的所有钱都投进了水泥厂，而且还借了十几万元的外债，现在丈夫已进入看守所，没人再敢借钱与她，所以无钱支付律师费。

董律师听说后，表示不收费也要对案情进行调查。董律师经过周密的调查，事实与被告妻子说的一样，的确在原厂长被拘捕的当天，举报人就接管了小水泥厂。

董律师还了解到，水泥厂属于私人全面承包，与乡政府签订的合同中规定，承包期20年，每年无论赢利与否必须如数上缴承包费3万元，税收和其他一切费用均由承包人承担。被告的罪由是：用假汽油收据顶替吃喝费1. 7万元。

董律师认为，被告属于全面承包，与私人企业一样，把"贪污"这一罪名用在这样的法人代表身上是不正确的。于是，董律师在法庭上有理有据地驳斥了公诉人。最后，法院判处被告无罪释放。被告又回到了他的水泥厂，那个包藏祸心的举报人的野心没有得逞。

领导型的人会为受到不公平对待的人或不够强壮的弱者努力抗争。他们喜欢享受帮助弱者的乐趣。

觉察的领导型的人具有深层的爱，他们肯付出力量去保护他人。他们会用强大的精力和天生的权威意识为家庭和朋友以及一切需要帮助的人，尽自己的力量进行帮助。未觉察的领导型的人手段强硬、愤世嫉俗、逞威风，有时还会公然破坏法律。他们觉察不到别人有什么感觉，一意孤行，企图用谎言、力量、操纵或暴力达到自己的目的。

领导者的自我测试

你是否是领导者：

1. 一向主张君子之交淡如水。

2. 喜欢学很多东西，为了帮助自己，常常一头栽进去学习。

3. 乐观坚强，能吃苦耐劳，觉得天下无难事。

4. 跟人相处总是以事为主，有事时全力以赴，没事时就不见踪影。

5. 看起来很外向，其实不然，害羞而且不喜欢客套，所以常常做很多别的事情来掩饰自己的不自然。

6. 觉得自己智商一般，愿意踏踏实实走出属于自己的道路。

7. 相信龟兔赛跑的故事，胜利最后一定属于乌龟。

8. 因为学了很多知识，所以不免以学问经验支持自己，有时会固执己见。

9. 很相信自己的决心和毅力，但忍耐力却差一些，常常会暴怒。

10. 做事很踏实，也很努力，可以担当很多事情。

11. 讨厌社会上的不公平，人际的不平等，讨厌得利益者不付出代价的不公平竞争。

12. 一向有话直说，最讨厌那些拐弯抹角又客套半天的人，讨厌虚伪。

13. 自己会的事情，喜欢教导别人，帮别人拿主意，做决定，甚至帮别人扛。

14. 不惧挑战、明理，觉得够义气才重要。

15. 不懂的事情会努力去学，很努力，也很有毅力，会帮助他人解决困难。

16. 一有事情需要解决就全身充满了力量，认为人要坚强，不能被打倒。

17. 希望说话直指重点，干净利落，让人没有反驳的空间，容易使别人误会为霸道，自己觉得很冤枉。

18. 不喜欢把时间用在没有任何目的及结果的场合。

19. 很有正义感，有时会支持不利的一方。

20. 一向乐观，没有哪件事能难住自己。

21. 喜欢独立自主，一切都靠自己。

22. 看不起那些不坚强的人，有时会用种种方式羞辱他们。

23. 在某方面有放纵的倾向（例如食物、药物等）。

24. 知错能改，但由于执着好强，周围的人还是会感到有压力。

25. 喜欢依惯例行事，不大喜欢改变。

26. 沉默寡言，看上去不会关心别人。

27. 充满野心，喜欢挑战和登上高峰的体验。

28. 如果身边的人行为太过分时，准会让他难堪。

29. 会极力保护所爱的人。

30. 喜欢讲效率，讨厌拖泥带水。

31. 要求光明正大，为此不惜与人发生冲突。

32. 在陌生及不熟悉的环境中，总是服务别人来掩盖自己的不自然。

如果你同意以上陈述，无疑你与领导者相去不远。

第九章　调停型人格

常跟随别人所需要的去做

调停型人格的人喜好配合别人，对自己应该先做什么，后做什么很难知道，经常跟随别人所需要的去做。

有趣的是，他们把别人看的都比较好，而且很羡慕，甚至行动模仿别人的举止，说话模仿别人的腔调或用词。

他们在社会上的人缘很好，处处显露着热情和圆滑。在好事面前向后退让，在名利地位上很少与人一争高低。具有许多潜伏的能量，可是有时却表现得精力不支，昏昏沉沉，疲乏而怠惰。但是，绝大多数时间会表现出高度的活动能力。

他们的兴趣广泛，嗜好多样，做事非常主动，对工作投注相当多的精力。

他们喜欢与更多的人相处，愿意为别人操劳。为别人办事的工作效率极高。

一位调停型的女士说："我最怕的事就是只剩下我一个人，孤孤寂寂的，那样会把我寂寞死。我最喜欢的就是与人交往，和大家在一起，有说有笑，就像喝鲜橙汁那样甜美。虽然有时会出现点矛盾，只要你退后一步，宽宏大量，什么问题都能化解。"

案例：

这位女士是位机关干部，她的工作环境很好，自己一个办公室，主要是抄写一些文件类的东西，和协助办公室主任管理一些杂务。这样的工作对于一般人来说会是非常满意的。她却觉得有些孤单，经常寻找机会与人交往。

一旦有些杂务需要她去做时，会兴奋得心花怒放。

她把帮别人做事情看得很重要，觉得那样才是自己的第一需要。

一次，主任让她去某印刷厂印一批信封和稿纸。信封和稿纸是机关常用的东西，以前她办过多次，从来都不出错。

那是星期六的早晨，这天本应她休息，可是印刷厂星期三就和她约定好今天取货。

她来到印刷厂，门卫告诉她，信封和稿纸都已准备好。她在墙角处看到了那堆东西，便雇一辆面包车往机关运。

她喜滋滋的坐在面包车里想着心事。

突然，面包车轮胎轧上了一个丢了井盖的下水道井口，车身猛烈一个颠簸，她的手下意识地摸扶什么东西时，小指被撞成骨折。于是，只好住进了医院。

医院里的患者很多，她的病房有 8 张床，床床住满了人。其中有因车祸锯掉大腿的，有不小心在自家平房上掉下来摔断胳膊的，还有骑自行车撞架断了锁骨的，里面工人、农民、干部、知识分子都有。她主动和每个人搭话，只一天时间，都混得很熟。

10 天的医院生活使她愈加感到自己工作的寂寞，于是便在工作时间或者到其他办公室找要好的同事聊天儿，或者抽闲出去帮助住院患者办一些事。如到学校找熟人帮助孩子转学，到交通警察大队询问某某患者的医疗费肇事方有没有交来等等一些似乎与己无关的事，她不厌其烦地去奔波。

她基本上走到哪里，就能在哪里与人建立起联系。她只去了几次印刷厂，与那里的很多人就像是认识了几年的故交。包括开车掉进井口致她手指骨折的那位司机，也成了她时常来往的朋友。

调停型的人凭着他们的友善、热情和随和，走到哪里，就会在哪里找到朋友，而且费心地帮助别人办事。

那位女士还对我说："似乎我追求的就是与更多的人互相来往，认为这样生活才有意思。"

当我问她在与这么多的人接触中，有没有使她失望的人的时候，她说："怎么能没有，世界上的人这么多，想法千奇百怪。不过，我的眼光还是很不错的，只要与他们一见面，基本上就能揣摩出他们的价值观和信念，甚至他们的癖好是什么都可以猜出几分，这是非常直觉和立即的反映，如果觉得这个人很不随我的意，尽管我再寂寞，也不会和他们来往的。"

往往把需要先做的事留到最后

调停型人格的人往往把需要先做的事情留到最后才做，看起来像是有意的拖延。如果你这么认为，实在是冤枉了他们。

他们很容易"自我遗忘"。遗忘的原因是他们不去注意哪些事情重要，哪些事情不重要，不去思考诸多事情的优先顺位。

他们做事的随机性很强。例如，他们准备到书房找一本有关烹任方面的书，结果在客厅看到地上已经很脏了，便取来拖布擦洗。然后，又看到吸油烟机接油盒里的油满了，便取下来倒掉。还有可能看到妻子正在注视的电视节目很有意思，便坐下来观看。不知过了多久，觉得自己好像有件什么事情没办。想了又想，突然一拍大腿："嘿！要找一本烹饪方面的书。"

他们经常被那些不重要的事物、新的兴趣或其他的人所吸引。虽然这些并不重要，也不需要急着去办，可是由于兴趣的使然和感觉的刺激，会把根本的工作放下和忘掉，把宝贵的时间用在那些次要的事情上。

往往他们忙碌起来，会永远想不起或暂时想不起还有主要的事项或工作等待着。这时，很需要别人的提醒。一旦想起，又会后悔不迭，然后便不遗余力地去做，唯恐任务的完成超过预期时限。

由于他们兴趣广泛，有很多个目标需要去实现，哪个目标都需要分心，所以专注于一个目标很困难。

调停型人格的人习惯从各个角度观看事物，喜欢收集广博的资讯。

他们无论是收集资讯还是提供资讯，都喜欢掌握和介绍与其有关的全部资料和讯息。因此，会显得特别繁复、琐碎，甚至是卖弄知识。

真正遇到了比较重要的问题时，自己又犹豫不决，难以拿定主意。

案例：

一位调停型的先生说："做任何一件事情都难以真正的把握，例如取一支笔去书写一首众人熟知的唐诗，虽然我的书法功夫还算可以，但是，就因为懂得书法才不敢下笔，生怕哪一笔不符合规范，在大庭广众面前丢丑。

我不愿向别人介绍我只一知半解的事情，那样会给接受者带来很多不便。假如他们想咨询一下房地产目前的形势走向，你自己都没有完全弄清楚为什么近一时期价格暴涨，却向人大讲特讲连自己都不知对错的见解，那不是既损人又不利己吗？

放着一条好路不走，偏找那些自己不十分清楚的崎岖小径，不是自找苦吃是什么？"

这位先生是一位自由撰稿人，与他有联系的媒体很多，如果瞎编滥造，望风扑影，不负责任的随心所欲的杜撰，可以弄到很多钱，可他却不那样做。

他说："知识是宝贵的，得来很不容易，不能把非知识的知识讲给别人，也不能让别人感觉到你无能。要想达到这些，必须多多涉猎，包括你所能及的所有空间以及领域，绝不能放过任何一次汲取的机会。"

他还说："有些人看起来说话办事很滑头，但是，他们也有自己的难言之隐。想想看，世界上有多少事情不都是在虚无缥缈间难以做出确切的解释吗？解释不清，又不能不解释，那么只能用一些不准确的言语来搪塞。

还有一些人说我爱卖弄知识，我不知道他们怎么理解'卖弄'这两个字的，真正的知识对任何人都是有价值的，它可以使你由不知变已知，由愚钝变聪明。

内心世界变幻不定

调停型人格的人的内心世界是变幻不定的，也是无比广阔的。

他们无论对广义的所有事物，还是对狭义的一件事情的全部，都想了解，而且对了解事情的细节有着强烈的愿望。

他们意欲掌握所有的资讯，似乎要使自己成为一个游动着的万宝囊。

他们对每件事情和每个细节的了解过程，就像聪明的儿童堆积木，从少到多，从小到大，一件一件地去做，不知疲倦。

他们喜欢行事于计划当中，但是，他们的计划似乎很庞大，永远都达不到具体化。

旁观者会清楚地看到，他们埋头完成的事情往往都是对别人有好处的，完全属于自己的事情却搁置一边没有搭理或保持着距离，甚至不仅仅是保持距离，可能也失去了兴趣。

调停型的人不喜欢自己单独去做某件事情，至少也要在事先让人们承认他们的行动方案可行，或得到别人的声援。

"我讨厌那些置别人而不顾，只为自己活着的人。人们的互相提携和同甘共苦无比重要。

大家在一起，可以发现许许多多一个人难以发现和难以驾驭的事情。每个人都可以在探索中获取不同的属于自己需要的知识。

我也讨厌那些把朋友的事情和自己的事情一样看待或只看重自己的事情的人，他们的那种自私自利，那种以自我为中心，那种顽冥不化的霸权思想，是多么的可怕呀！"

这是一位一心为别人的事情操劳的调停型的人说的一番话。

案例：

他工作在一家不被别人看得起的残疾人工厂，在那里当厂长。他本身并没有任何残疾。

他所在那家工厂开始时主要生产儿童玩具。为了创出效益，使那些聋哑人、盲人、肢残人能够有一个良好的生活保障，他四处奔波，收集有益的生产信息，如什么类型的玩具受现代儿童的欢迎，哪些受欢迎的玩具目前在市场上还很少能买到，而且又是残疾人能够生产的。

就厂内残疾职工的劳动能力能不能生产，他每次都要反复考虑。只要他认准了，就会想办法弄到图纸或买回一件样品，回厂参照制作。为了这些事情，他无论付出多少，都不会报一声辛苦和说一声累。

一次在与朋友聊天中，得知开办酒厂，烧出来的白酒可以卖钱，酒糟用来喂肉牛，肉牛又能卖钱，是个一举两得的生意。他又对烧酒的全部生产工序和饲养肉牛的具体细节进行了详细了解，确实认定了厂内的残疾人完全可以驾驭这种劳动，才向主管残疾人工厂的民政局报请。

民政局批准后，他在郊区买了一块地皮，迅速盖起了厂房和牛舍，购置了生产设备。

正在安装设备时，却遇到了麻烦，主管土地的部门说必须办理完相关手续才能进行生产；环保部门说必须报请他们的批准。于是，他又着手办理这一系列手续，每天忙于奔波。到酒厂烧出第一锅白酒时，整整比原计划迟了2个月。

对此，他说："有人说我办事抓不住主要事项，不知先干什么，后干什么，对于这一点，我是不会承认的。因为有些事情是难以预料的，只有碰上了，才会发现原来还有比目前工作更急的事没有做。"

让人与人亲近起来

调停者希望能够感受到联系，让这种联系布满整个缺少爱而相互争夺的世界，让人与人之间亲近起来，是调停型人格的人的心理特点。基于这种心理特点，他们逐渐地养成了把自己的需要潜藏起来，把注意力向外界分散，为别人考虑，寻求与大家的携手并肩以及行动和感情的融合。

有人会说，调停型的人属于胆小型的。我对这种说法也比较赞同。一位调停型的人曾经对我说，他表现愤怒的方式就是"忍耐"。

他说："用忍耐去表达我的愤怒，实在让我开心。当那些让我产生愤怒的人需要我的帮助或要求我做一些什么事情的时候，我就装聋作哑。我的肉体就站在他们的面前不动，却让精神跑到别处去。他们看到我这样，肯定会气疯。他们在忍无可忍的情况下也一定要大发脾气，这样一来，而真正生气的人就不仅是我了，我还会因看着他那气得面红耳赤的样子而窃喜。"

案例：

他们在童年时，一般都是人微言轻，说出的话不被人重视。

有的人不理解就会说："小孩子说话当然就没分量了！"

需要弄清楚的是，我这里说的人微言轻不被人重视是指他们说出的话不被别人倾听。由于父母以及家人都不那么注意他们，所以，便会产生一种被家庭忽略的感觉。

因为所有的小孩子都想得到成年人的注意和好评，他们甘冒再次被冷落的危险，去做一些事或说一些话来表达自己的立场。

调停型的人的童年时期，在一次次的与成年人接触的实践中感觉到，去做别人期望的事，就会得到别人的喜爱。于是，便寻找做别人期望的事情的机会。同时，他们也时刻提防被别人冷落或拒绝。

他们把童年时养成的习惯不知不觉地带到了成年。

这些习惯既有正面的，也有负面的。这些正负两方面的习惯伴随着他们在人生的旅途中磕磕绊绊地前行。

一位调停型的女大学生说："我很不自信，尤其在与别人联系时更觉得自己缺少那种受人喜欢的天赋，曾经试探过与人交往，都没成功，于是，我让自己这种希望与人联系的翅膀暂时歇息。到了20岁左右，我觉得自己能行，便试探着去做，结果很成功。实际上，别人是喜欢我与他们合作的，我帮助他们，会给他们欢乐。"

某些调停型的人有时可能因为发表什么观点或做一些具体的事时，被告知不要再说或者不要再做而生成自卑心理，从此便很少在公众场合露面或讲话。他们觉得，既然我说的话没有用处，观点不被别人承认，不说就是了。

他们对自己的不被看重，或者说被忽视，非常愤怒。但是，他们的这种愤怒往往会导致"忘记"。

他们采取的"忘记"方法是，把自己的相当精力放在并不重要的事物上，这样，愤怒就会被部分或全部转移。

即使他们表示愤怒，也很少牵扯到自己对那件事情的立场。

逼迫自己淡化与别人的矛盾

调停者认为愤怒既会影响人与人的关系，又会损害自己的身体，很不值得。

他们一旦因为某些人的言语和行为而产生愤怒，便习惯用躲避的方法问自己："我这是生谁的气？我究竟有没有生气？"有些自我欺骗的样子。

假如真正惹他们生气的人出现在了面前，他们马上会意识到，我不能承认就是他，那样我的愤怒就要像火山似的爆发，后果不堪设想。于是，他们就逼迫自己在心中淡化与那个人的矛盾，心里想：

"我肯定是在生气，惹我生气的是他吗？即使是他，也不一定是成心的，不过，他的确在中间发挥了很大的作用。"

这样一来，他的火气就自然而然地下降了许多，正面冲突就可以避免了。

调停型的人当自己生气时，不喜欢别人过问他为什么生气或跟谁生气。

如果当他们生气时或有意淡忘自己的气愤原因时，谁提醒他们的气愤过程，他们的愤怒便会油然而起。

他们的愤怒在这种被动的状态下发泄后，就会对提醒他的人产生怨恨。假如那个人原来与他的关系很好，经过这么一场，也会怀疑自己是否看错了人，这样的人怎么能是自己的好朋友呢？

他们的这种矛盾心理，自己也难以说清楚。

有的人把调停型的人的这种矛盾心理形容成就像是开汽车，在汽车的行走途中，两只脚既踩油门又踩刹车，让汽车在憋闷中行走。

可以说，调停型人格的人不善于表达自己的愤怒，自己通常又感觉不到。当别人提醒他们时，问："你生气了吗？"他们的第一感觉会是："没有啊。"如果再继续问，他们就真的会生气了。

调停型的人有时会怀疑自己的"自我遗忘"，对以前做过的事情进行全面的梳理，用以去寻找真正的自己。

他们这样做，会出现两种结果：一种是认为自己很不错的，继续以前的做法，没有什么改变；一种是觉察到了自己的一些不足，暂时出现了虚弱和漫无目的的感觉。

案例：

"我为什么会这样？"一位手中拿着一个精制的笔筒和一副文房四宝的先生边从文具用品店出来，边这样想。

他原来对书法并不感兴趣，甚至是不闻不问，也不知其中的高深奥妙。他整天想的是怎么样与别人交往，如何把自己与社会融为一体，得到更广泛的承认。

今天，他经过对自己的内在的认真审视，看到了应该做一些属于自己的事，像以前那样跟着别人的需要走，实际是失去了自己。

他买来文房四宝的目的并非想成为一名书法家，而是想通过练书法使自己的心绪宁静下来，可以按照自己的需要行事。

调停者的自我测试

你是否是调停者：

1. 很容易迷惑。

2. 有选择困难症。一般不做没把握的事，放手一搏的机会很小。

3. 不奉承他人，也不扫他人的兴，不话中带刺，用客套话交朋友。

4. 很尊重师长，也很依赖家人，但如果师长太严厉，就懒得搭理，而陶醉在我行我素之中。

5. 觉得读书不是最重要的事，认为人是随着自然宇宙规律生活的。

6. 不想去思考将来的事，世事无常，不如享受当下。

7. 做错事时，会找借口原谅自己，使自己好过，因为表面上虽然表现出无动于衷的样子，但内心其实是很脆弱的。

8. 为了顾虑他人的感觉，常忽视自己的需要，因此常顺应他人。

9. 性格乐观，对任何事都不想太深入，顺其自然，水到渠成，所以内心平静，有时显得不够积极，别人会嫌自己动作不够迅速。

10. 很平静自在，也没什么事值得烦心，总觉得大家都很好。

11. 遇到有冲突的事情，尽量不去插手，因为实在太麻烦了。

12. 如果能拥有一个惬意、舒服的空间，让自己懒在里面，不知有多好。

13. 每个人的意见都会不同，那有什么关系，反正以大家的意见为意见。

14. 生命没那么严肃，每天悠闲自在，得过且过有什么不好？

15. 别人看自己好像永远没事，平静又随和，其实有时候心也很乱，也会多愁善感。

16. 不想做那么多的事，宁愿去睡觉。

17. 其实也喜欢思考一些问题，只是不说出来罢了，如果说了，别人会感到惊讶，同时也证明自己不是脑袋空空。

18. 不喜欢争名夺利，宁愿享受自然，觉得这种境界安全多了。

19. 打打球、爬爬山、赛赛跑，出一身汗很舒服，只是奇怪怎么还没有人来约自己？

20. 很难和人起冲突，如果别人惹了自己，只要是不太忌讳的事，生完闷气就没事了。

21. 认为身体上的舒适对自己来说非常重要。

22. 时常拖延问题，不去解决。

23. 宁愿适应别人，包括伴侣。

24. 别人批评时，也不会回应和辩解，因为不想发生任何争执与冲突。

25. 经常忘记自己的需要。

26. 不会相信一个自己一直都无法了解的人。

27. 很在乎家人，在家中会表现得忠诚和包容。

28. 不要求得到太多的注意力。

29. 很容易认同别人为自己所做的事和所知的一切。

30. 比起愤怒，更容易感到沮丧和麻木。

31. 温和平静，不自夸，不爱与人竞争。

32. 有时善良可爱，有时又粗野暴躁，很难捉摸。

如果你同意以上陈述，无疑你与调停者相去不远。